Manfred Spitzer

Dopamin & Käsekuchen

Wissen & Leben
Schattauer

herausgegeben von Wulf Bertram

Manfred Spitzer

Dopamin & Käsekuchen

Hirnforschung à la carte

Schattauer

Prof. Dr. Dr. Manfred Spitzer
Universität Ulm
Psychiatrische Klinik
Leimgrubenweg 12–14
89075 Ulm

Bibliografische Information der Deutschen Nationalbibliothek
Die Deutsche Nationalbibliothek verzeichnet diese Publikation in der Deutschen Nationalbibliografie; detaillierte bibliografische Daten sind im Internet über http://dnb.d-nb.de abrufbar.

E-Mail: info@schattauer.de
Internet: www.schattauer.de
Printed in Germany

Umschlagillustration: Gitasree Dutta
Satz: am-productions GmbH, Wiesloch
Druck und Einband: AZ Druck und Datentechnik GmbH, Kempten/Allgäu

ISBN 978-3-7945-2813-4

Vorwort

Dopamin und Käsekuchen – ein solcher Titel bedarf der Rechtfertigung, klingt er doch zunächst schlimmer als *Sauerkraut und Vanillesoße*. Auch dies passt nicht gut zusammen, auf dem Teller. Als Begriffspaar jedoch haben diese Dinge wenigstens noch die Gemeinsamkeit des Essbaren. Aber ein Neurotransmitter und eine süße Backware?

Vielleicht ist der Titel Ausdruck meiner Weltsicht, denn für mich ist die Welt nicht in abgeschlossene Bereiche eingeteilt, die nichts miteinander zu tun haben. Schließlich bin ja mindestens ich selber immer der gleiche – egal ob ich am Esstisch oder am Schreibtisch sitze. Meine Lebenswelt, wie das der Philosoph nennt, durchzieht also die unterschiedlichsten Seinsbereiche und verbindet auf diese Weise auch das vermeintlich Inkommensurable. So hatten schon frühere Sammlungen meiner Beiträge aus der Nervenheilkunde Titel wie *Schokolade im Gehirn* (2002) oder *Ketchup und das kollektive Unbewusste* (2001).

Es denkt sich sehr einfach in Kästchen. Wenn man ausblendet, dass jährlich 10 Millionen Babys unnötig an Durchfall sterben oder dass eine Milliarde Menschen nicht ausreichend mit Trinkwasser versorgt sind oder dass hunderttausende Kinder hierzulande zu dick sind, kann man sich mit allem Möglichen beschäftigen: dem Wassergehalt der oberhessischen Blutwurst, den Schwächen der neuen Wagner-Inszenierung oder der Kragenweite von Oberhemden. Wenn aber alles mit allem zusammenhängt, und wenn man Kinder hat, dann muss man sich die Frage gefallen lassen, warum man mit seinem Leben macht, was man macht. Ich könnte auch in einer Werbeagentur arbeiten und für Zigarettenwerbung zuständig sein. Dann wären die Früchte meines Tagwerks – Tote!

Ich könnte das ausblenden, rationalisieren oder gar zu rechtfertigen versuchen (wenn nicht ich, dann machen das andere; der Markt verlangt das etc.), aber Tote bleiben dennoch Tote. Und selbst dann, wenn mein Tagwerk keine Toten produzierte, sondern einfach nur sinnlos wäre, müsste ich mir die Frage gefallen lassen, warum ich nicht etwas Sinnvolleres tue. Spätestens jetzt ist klar, warum ein früheres Büchlein *Vom Sinn des Lebens* (2007) hieß.

Nun wurde ich glücklicherweise Arzt – nicht aus all den gerade genannten Überlegungen, und daher eben glücklicherweise –, denn so kann ich mich mit *Geist, Gehirn und Nervenheilkunde* (Titel des ersten Büchleins von 2000) ebenso beschäftigen wie mit Patienten, die mit *Verdacht auf Psyche* (2003) oder allerlei anderen *Geistesblitzen und Gehirngespinsten* (2004) in die Klinik kommen. Beim Verlassen der Klinik geht es ihnen in aller Regel sehr viel besser, denn in der Psychiatrie hat man – und das ist nicht in allen Fächern der Medizin so – sehr viele und sehr effektive Therapiemöglichkeiten.

Man kann sich jedoch als Mensch, Wissenschaftler, Bürger und vor allem Vater nicht allein mit seiner Arbeit zufrieden geben. „Papa, warum hast Du nichts geändert, wo Du das doch alles wusstest?" – Das habe ich wie damals sehr viele junge Menschen meinen Vater früher gelegentlich gefragt. Er war bei Kriegsausbruch 14, und wenn ich heute zurückdenke, war die Frage dumm. Wie hätte er – Kanonenfutter mit Hauptschulabschluss – etwas ändern sollen?

Bei mir ist das anders: Professoren werden ja dafür bezahlt, dass sie unabhängig und eigenständig nachdenken. Ich muss mir also auch schwierige Fragen (wie diejenige, die ich meinem Vater gelegentlich stellte) gefallen lassen oder selber stellen: Tust du das Richtige? Gibst du dir genug Mühe dabei? Büchlein wie *Gott-Gen und Großmutterneuron* (2006) oder *Das Wahre, Schöne, Gute* (2009) und auch das vorangegangene, *Aufklärung 2.0* (2010), mögen bezeugen, dass ich mich in der Tat mit diesen Fragen beschäftige und mir Mühe gebe.

Er hat sich bemüht – im Führungszeugnis entspricht das einer 5! Es reicht nicht, sich nur zu bemühen; im wirklichen Leben zählen vielmehr die Resultate. Daher werden meine Bücher immer emotionaler: Ich kann nicht mehr zusehen, wie der Karren in den Dreck fährt, sondern möchte das verhindern (auf vielen Ebenen). Man wird erstens älter und sich zweitens dessen immer stärker bewusst: Viel Zeit ist nicht mehr, um etwas Gutes zu tun. Also lieber jetzt als nie ... So sagt mein *Frontalhirn an Mandelkern* (2005) zwar schon länger, aber nicht nur *Liebesbriefe und Einkaufszentren* (2008) hielten mich davon ab. Vor allem die Routinen des Alltags wirken toxisch, wenn es darum geht, sich zu wirklich wichtigen Dingen aufzuraffen.

Dass sich dies ändern soll, habe ich mir wieder einmal fest vorgenommen: Ich möchte die Kenntnisse aus der Neurowissenschaft zu den Auswirkungen dessen, was wir körperlich und geistig zu uns nehmen, nicht im Elfenbeinturm belassen, sondern sie in die Gesellschaft tragen, wo sie Früchte tragen sollen. Kinder haben gutes Essen und gesunde geistige Nahrung verdient. Beides bekommen sie derzeit nicht, oder nur gelegentlich per Zufall. Das möchte ich ändern. Und vielleicht helfen Sie, liebe Leserin bzw. lieber Leser, dabei mit!

Jeden Herbst erschrecke ich darüber, wie schnell das neue Jahr vergangen ist. Und so ist nun mit diesem Buch auch schon der zwölfte Sammelband mit Beiträgen aus der *Nervenheilkunde* fertig geworden. Seit 12 Jahren wundere ich mich über mich selber, dass mir noch immer etwas einfällt, und freue mich über die Ausdauer der Mitarbeiter des Schattauer-Verlages mit ihrem ständig im Verzug befindlichen Autor und Herausgeber. Ich möchte daher den Mitarbeitern des Schattauer-Verlags und den Kollegen in der *Nervenheilkunde* auf allen Ebenen für ihre Nachsicht und Unterstützung ganz herzlich danken: den Verlegern Herrn Dieter Bergemann und Dr. Wulf Bertram, Frau Ruth Becker, Frau Dr. Anja Borchers, Frau Dr. Dagmar Brummer, Frau Birgit Heyny, Frau Dr. Andrea Schürg und Frau Franziska Sokollik.

In diesen wirklich nicht einfachen Zeiten sind mir meine Freunde und Mitarbeiter besonders wichtig. Meinen Kollegen hier in der Klinik und im Transferzentrum für Neurowissenschaften und Lernen bin ich sehr dankbar für ihre Mitarbeit, und ich hoffe, dass sie unsere tägliche gemeinsame (Arbeits-)Zeit ähnlich konstruktiv und positiv erleben wie ich. Schade nur, dass man seit längerer Zeit schon das Gefühl hat, auf einer kleinen Insel zu sein, inmitten permanenter Bedrohung von überall her, dass diese Atmosphäre des Loyalität, Kreativität und Gesundheit gegen nahezu tägliche Angriffe verteidigt werden muss. Schade um die viele Zeit, die man mit solchem Unfug verbringen muss. Noch nagt das Ganze nicht so sehr, dass ich schon das Handtuch werfen und mich „auf die Insel" zurückziehen möchte. Aber manchmal ertappe ich mich bei entsprechenden Fantasien, die sich dann aber im Café Trögele oder Ferreau bei der Nachbesprechung zur Morgenbesprechung mit Thomas und/oder Georg rasch wieder verflüchtigen. Danke!

Dieses Buch ist meiner Mutter gewidmet: Sie brachte früher sonntags den besten Käsekuchen auf den Kaffeetisch und ist trotz hohen Alters noch immer guter Dinge, was man zwanglos mit einem gut funktionierenden Dopaminsystem in Verbindung bringen kann, aber nicht muss.

Ulm, Ende November 2010 Manfred Spitzer

Für meine Mutter

Inhalt

1 Dopamin und Käsekuchen

Essen als Suchtverhalten

Kaum ein Mensch hat hierzulande und heutzutage keine Probleme mit seinem Körpergewicht: Man ist zu dick, weiß das auch und isst dennoch zu viel. Wie kommt das eigentlich? Wir wissen es schließlich besser: Übergewicht macht krank und führt einen früheren Tod herbei. Auch Trinken und Rauchen machen krank und führen zu einem früheren Ableben, vom Konsum harter Drogen einmal gar nicht zu reden. Aber bei Alkohol, Nikotin, Morphin, Kokain oder Amphetamin handelt es sich um Substanzen, die Sucht erzeugen, also in geringsten Mengen direkt auf das Gehirn einwirken und dadurch Erleben und Verhalten ändern. Nahrung, so scheint es zumindest zunächst, ist demgegenüber etwas ganz anderes.

Dass es zwischen pathologischem Essverhalten und dem Konsum von Suchtstoffen gewisse Parallelen gibt, vermutet der Volksmund (der von „Fress-Sucht" spricht) schon lange. Seit einigen Jahren gibt es aus der Neurobiologie Erkenntnisse, die auf einen engen Zusammenhang zwischen Essverhalten und Sucht hinweisen. Es lohnt sich, diesem nachzugehen, denn nur wenn man Funktionsabläufe und Mechanismen versteht, hat man überhaupt eine Chance, in diese bewusst und steuernd einzugreifen.

Tief im Gehirn sitzt ein neuronales System, das bei Erlebnissen, die *besser als erwartet* ausfallen, ein Signal gibt, um diese Erlebnisse und deren Umstände rasch zu lernen, sodass der Organismus langfristig sich dem zuwendet, das für ihn gut ist (Abb. 1-1). Bei der Aktivierung dieses Systems kommt es zu einer gesteigerten Dopaminfreisetzung, was für ein leistungsfähigeres Arbeitsgedächtnis und mehr On-line-Informationsverarbeitung (4) sowie für eine verbesserte Übertragung vorläufig gespeicherter Inhalte ins

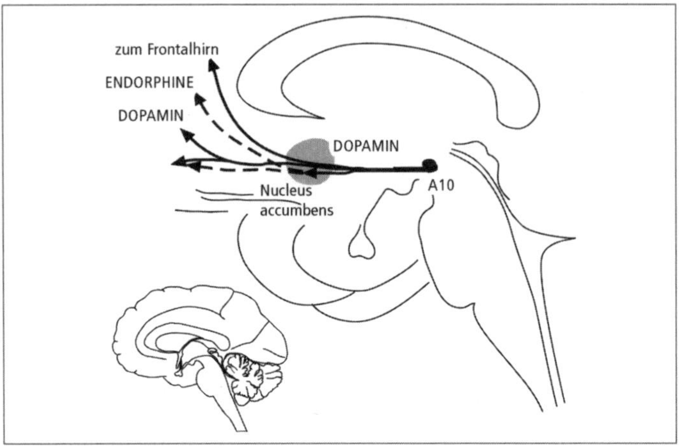

Abb. 1-1 Das dopaminerge Belohnungssystem mit Ausgangspunkt in Area A10 des Mittelhirns, Nucleus accumbens (ventrales Striatum) und Frontalhirn, dem Ort der Auswirkung auf Aufmerksamkeit und Lernen.

Langzeitgedächtnis sorgt (23). Zudem kommt es zu einer Ausschüttung endogener Opioide im Frontalhirn, was subjektiv angenehm erlebt wird. Damit sind in diesem System Lernen und Lust eng miteinander verknüpft (25). Neuroanatomen und Psychiater nennen dieses System das mesolimbisch-mesokortikale Dopaminsystem, weil die beteiligten Neuronen erstens den Neurotransmitter Dopamin verwenden und es zweitens noch andere Dopaminsysteme gibt (das tuberoinfundibuläre sowie das nigro-striatale). In der Literatur wird dieses System je nach Blickwinkel und Erkenntnisinteresse auch als Lust-, Sucht-, Motivations- oder Belohnungssystem bezeichnet (2, 7, 24). Wir sprechen im Folgenden vom *dopaminergen Belohnungssystem*.

Die Existenz eines jeden Organismus hängt von der erfolgreichen Suche und Aufnahme von Nahrung ab. Daher ist dieses System überlebenswichtig, und umgekehrt gilt, dass Nahrung (neben Fortpflanzung) zu den wichtigsten psychologischen Reizen gehört, die das System aktivieren (8, 22). Sieht man einmal von manchen Kantinen ab, so ist die Aufnahme von Nahrung in den meisten Fällen ein lustbetonter Akt. Nicht nur im Tierversuch wirkt Nahrung belohnend (10, 11). Wie stark motivierend Nahrung auch auf uns Menschen wirken kann, weiß jeder, der schon einmal Kinder mit der Aussicht auf ein Eis zu Heldentaten motiviert hat oder hungrig im Supermarkt einkaufen war.

Suchtstoffe aktivieren das dopaminerge Belohnungssystem ebenfalls, pharmakologisch und ohne ein vorausgegangenes Erlebnis. Sie aktivieren damit ein angenehmes Empfinden, *ohne* dass mit diesen Empfindungen ein zu lernender Inhalt verknüpft wäre. Da suchterzeugende Substanzen das System deutlich stärker aktivieren können als psychologische Erlebnisse (Abb. 1-2), ist das durch die Substanzen erzeugte angenehme Gefühl stärker als die mit Nahrungsaufnahme oder Sex verbundenen angenehmen Gefühle, was wiederum die Sucht zu dem macht, was sie ist: pathologisches, langfristig extrem lebenszerstörendes Verhalten, das nur sehr schwer zu ändern ist.

Aus system-neurobiologischer Sicht sind damit das Phänomen der Sucht einerseits und die Nahrungsaufnahme andererseits prinzipiell sehr eng verknüpft. Neben diesen sich aus den genannten prinzipiellen Überlegungen ergebenden Indizien gibt es handfeste empirische Befunde, die diese Zusammenhänge verdeutlichen und aufklären.

Nahrungsaufnahme führt zu einer Dopaminfreisetzung, deren Ausmaß mit der Freude am Essen korreliert (10, 13). Diese nahrungsbedingte Dopaminfreisetzung ist bei übergewichtigen Menschen vermindert, die daher für den gleichen belohnenden Effekt mehr essen müssen. Entsprechendes geschieht, wenn man Dopaminrezeptoren im Striatum mittels Dopamin-D2-Antagonisten blockiert: dann sinkt

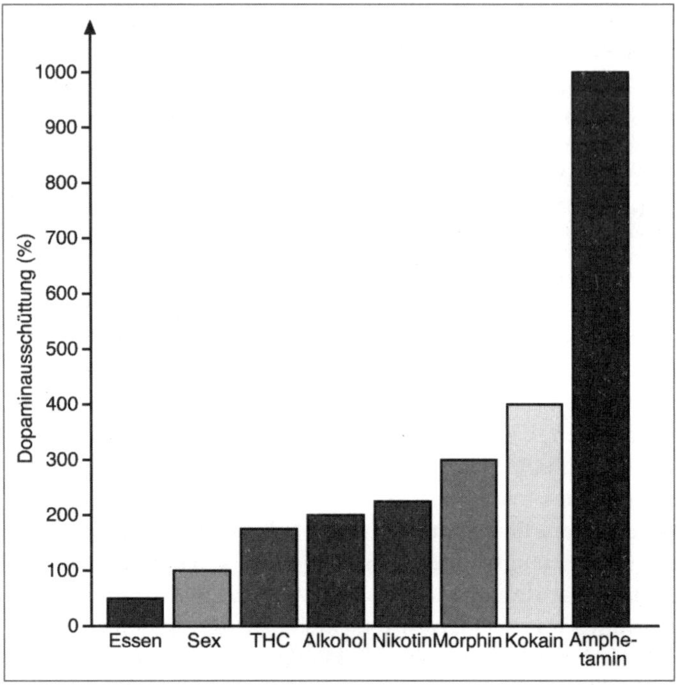

Abb. 1-2 Ausmaß der psychologischen und der pharmakologischen Aktivierung des dopaminergen Belohnungssystems im Tierversuch (21). Die Effekte gelten orientierend bzw. nur in erster Näherung (20), denn sie sind abhängig von den Experimentalbedingungen im Einzelnen, insbesondere von der Dosis des Suchtstoffs. Man sieht deutlich das Problem der Sucht: Stoffe aktivieren das System stärker als Erlebnisse, sodass der Einfluss psychologischer Faktoren auf das Verhalten vergleichsweise sinkt.

die belohnende Qualität der Nahrungsaufnahme und es wir mehr gegessen – gleichermaßen bei Ratten und Menschen (19, 26). Dopaminagonisten haben den gegenteiligen Effekt, machen die Nahrung belohnender und führen daher zu einer Verminderung der Nahrungsaufnahme. Da bei übergewichtigen Menschen zudem weniger Dopaminrezeptoren nachgewiesen wurden, wird seit einigen Jahren diskutiert, dass deren vermehrte Nahrungsaufnahme durch eine Unterfunktion des dopaminergen Belohnungssystems verursacht wird.

Ein erster Hinweis hierfür wurde in einer Studie an 43 jungen Frauen gewonnen, die einen Schokoladen-Milch-Shake oder ein Glas Wasser im MR-Tomografen sahen und dann das entsprechende Getränk schmecken konnten (12). Es zeigte sich eine negative Korrelation ($r = -0{,}5$) zwischen der Aktivierung des linken Nucleus caudatus und dem Body-Mass-Index (BMI) der Probandinnen. Dickleibigkeit geht also mit einem verminderten Ansprechen des Striatums auf Nahrung einher. In einer zweiten Untersuchung an 33 Mädchen im Alter von 14 bis 18 Jahren zeigte sich diese Korrelation erneut ($r = -0{,}58$). Zudem wurde ein Einfluss der Genetik des Dopamin-D2-Rezeptors (TaqIA A1-Allel des DRD2-ANKK1-Genlocus) auf die Höhe der Korrelation gefunden sowie prospektiv in einer weiteren Studie ein Einfluss sowohl der Genetik als auch der Aktivierung des Striatums auf die Gewichtszunahme im folgenden Jahr. Eine verminderte Expression striataler Dopaminrezeptoren wurde bereits vor Jahren als Risikofaktor für Suchterkrankungen identifiziert und führt nach dieser Studie auch zu vermehrter Nahrungsaufnahme, ist also auch ein Risikofaktor für Adipositas.

Aus diesen und weiteren Befunden hat man seit einigen Jahren die Hypothese abgeleitet (15–18), dass pathologisches Essverhalten, das zu Dickleibigkeit führt, letztlich eine Form von Suchtverhalten darstellt und entsprechend zu bewerten und zu behandeln ist!

Im Rahmen einer Reihe von Experimenten an Ratten gingen US-amerikanische Neurowissenschaftler vom Scipps-Forschungs-Institut in Florida der Frage nach, wie sich eine „westliche Cafeteria-Diät" (kohlenhydrat- und fettreiche Nahrung wie beispielsweise Käsekuchen, Würstchen und Schokolade) auf das Essverhalten sowie auf das dopaminerge Belohnungssystem auswirkt (5). Von dieser Diät ist schon seit drei Jahrzehnten bekannt, dass sie im Tierversuch (und beim Menschen auch, wie jeder Cafeteriabesucher weiß!) zu dauerhaftem Übergewicht führt (27).

Die Wissenschaftler bestimmten hierzu zunächst bei männlichen Ratten die Belohnungsschwelle mittels eines Verfahrens, das auf elektrischer Selbststimulation beruht (Abb. 1-3): Man pflanzt den Tieren Elektroden in den lateralen Hypothalamus und gibt ihnen die Möglichkeit, sich selbst einen elektrischen Impuls per Tastendruck zu verabreichen. Wie seit Jahrzehnten bekannt ist (7) kommt es zu einem ausgeprägten Stimulationsverhalten: Die Tiere drücken die Taste bis zu 2000-mal pro Stunde. Nun kann man durch Veränderung der Intensität des elektrischen Stimulus die „Schwelle" bestimmen, bei der das Verhalten noch an den Tag gelegt wird und hat damit ein – wie man durch entsprechende Studien herausgefunden hat – über die Zeit recht stabiles Maß für die „Belohnungsschwelle" und damit die individuelle Aktivierbarkeit des Belohnungssystems.

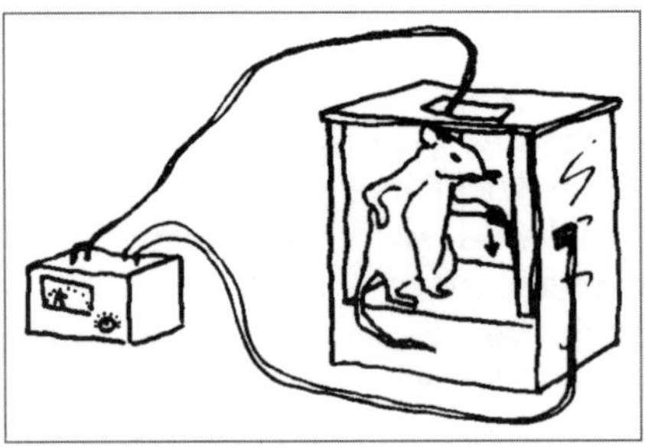

Abb. 1-3 Versuchsanordnung zur Selbststimulation von Ratten (schematisch), mittels der die Belohnungsschwelle gemessen wurde.

Nachdem man die Belohnungsschwelle von Ratten über zehn bis 14 Tage hinweg bestimmt und stabile Werte erreicht hatte, wurden die Tiere in drei Gruppen eingeteilt, sodass zwischen den Gruppen keine Unterschiede im Hinblick auf Körpergewicht (300 bis 350 g) und Belohnungsschwelle bestanden. Danach erhielten die Ratten für 40 Tage eine bestimmte Diät: entweder das normale Rattenfutter oder Rattenfutter und eine Stunde täglich „westliche Cafeteria-Diät" oder die „westliche Cafeteria-Diät" den ganzen Tag (18 bis 23 Stunden). Bei allen Ratten wurden über die Zeit des Versuchs die Kalorienaufnahme, das Gewicht und die Belohnungsschwellen der Tiere gemessen. Wie erwartet kam es zu einer Gewichtszunahme in allen drei Gruppen, die jedoch in Abhängigkeit von der Diät unterschiedlich stark ausgeprägt war: am deutlichsten war sie in der Gruppe der Ratten auf westlicher Diät (ca. 160 g), geringer in der Gruppe mit nur einer Stunde westlicher Diät täglich (ca. 100 g) und am geringsten in der Gruppe mit normalem Rattenfutter (ca. 80 g), was wiederum einer normalen Gewichtszunahme bei Ratten in diesem Zeitraum entsprach (Abb. 1-4). Parallel hierzu kam es zu einem Anstieg der Belohnungsschwelle, das heißt, zu einer Abnahme der Empfindlichkeit des Belohnungssystems für belohnende

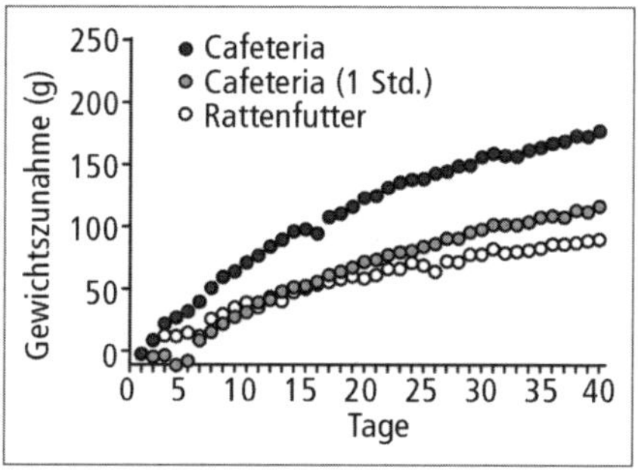

Abb. 1-4 Veränderung von Körpergewicht in Abhängigkeit von der Diät in den drei Gruppen über den 40-Tage-Versuchszeitraum (nach 5, Fig. 1).

Reize (Abb. 1-5). Eine solche Abnahme der Empfindlichkeit des Belohnungssystems für belohnende Reize ist auch aus Tierversuchen zu den Auswirkungen der Suchtstoffe Kokain und Heroin bekannt (1, 6).

Von besonderer Bedeutung hierbei erscheint zudem die Tatsache, dass die nahrungsbedingte Verstellung des Belohnungssystems länger anhält als eine entsprechende Verstellung durch Kokain, Nikotin oder Alkohol (Abb. 1-6). Normalisiert sich die Belohnungsschwelle nach Beendigung der Administration der Suchtstoffe innerhalb weniger Tage, so blieb sie nach der Verstellung durch die Cafeteria-Diät über

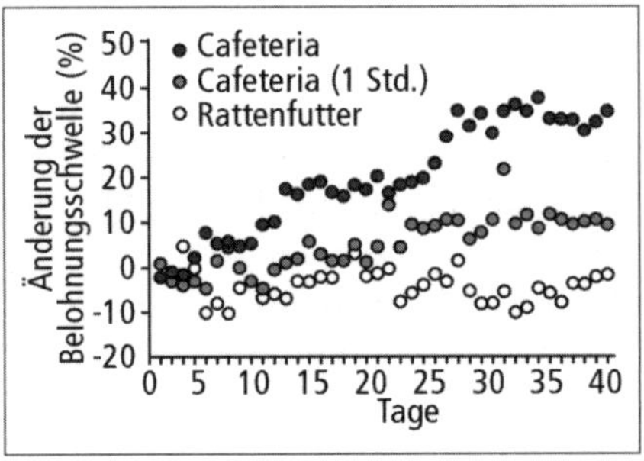

Abb. 1-5 Veränderung der Belohnungsschwellen in Abhängigkeit von der Diät in den drei Gruppen über den 40-Tage-Versuchszeitraum (nach 5, Fig. 1).

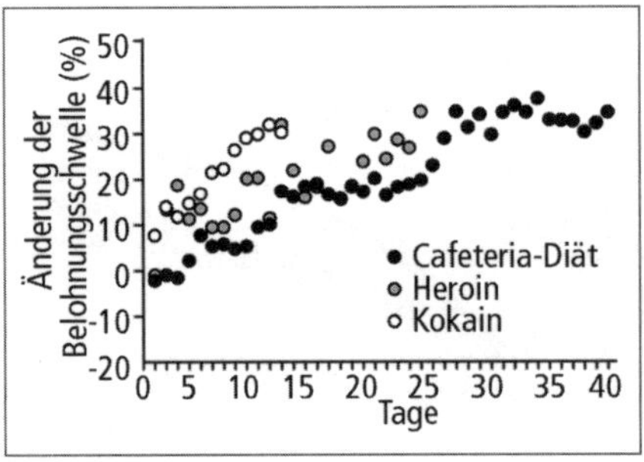

Abb. 1-6 Änderung der Belohnungsschwelle durch Cafeteria-Diät, Heroin und Kokain. Man sieht deutlich, dass die westliche Diät den gleichen Effekt auf das Belohnungssystem hat wie die Suchtstoffe (nach 3, Fig. 1).

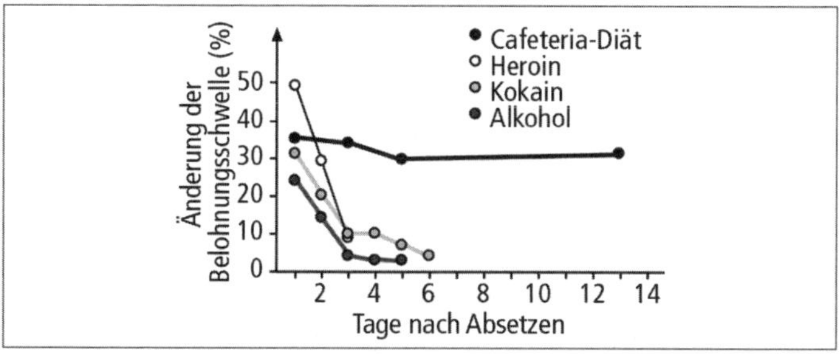

Abb. 1-7 Rückläufigkeit der Änderung der Belohnungsschwelle nach Absetzen der Diät bzw. der Suchtstoffe. Für die beiden Suchtstoffe aus Abbildung 6, Heroin und Kokain, sowie für Nikotin zeigt sich ein Zurückkehren der Schwelle innerhalb von wenigen Tagen, nicht jedoch bei der Verstellung der Schwelle durch eine westliche Cafeteria-Diät. Hier bleibt die Belohnungsschwelle für 14 Tage (Gesamtdauer des Versuchs) pathologisch erhöht (nach 3, Fig. 1).

14 Tage unverändert (Abb. 1-7). Da der Versuch nicht weitergeführt wurde, ist nicht bekannt, wie lange diese Verstellung anhält.

Wie eingangs erwähnt, besteht ein wesentliches Merkmal des Suchverhaltens darin, dass man willentlich negative Konsequenzen in Kauf nimmt, um es auszuüben. Im Tiermodell kann man dieses Merkmal der Sucht durch das Angstkonditionierungs-Paradigma prüfen: Man bringt Tieren (in der Regel Ratten) bei, sich vor dem Aufleuchten einer Lampe zu ängstigen. Dies geschieht dadurch, dass man den Tieren einen kleinen, aber schmerzhaften elektrischen Schock verabreicht und zugleich die Lampe einschaltet. Sie lernen dadurch die Assoziation zwischen Licht und Schock und reagieren nach einer Weile auf das Licht allein mit Angst. Diese führt zur Vermeidung des Lampenlichts, selbst dann, wenn bei der Lampe beispielsweise Futter liegt. Handelt es sich jedoch um einen Suchtstoff, so stellt man fest, dass der

Suchtstoff stärker ist als die Angst vor der Lampe, das heißt, das Licht vermag das Suchtverhalten nicht zu unterdrücken.

Um nun die Auswirkungen der unterschiedlichen Diäten in diesem Versuch zu testen, wurden erneut Ratten mit den drei Diäten für 40 Tage gehalten und dann wurde ihnen Angst vor der leuchtenden Lampe beigebracht. Anschließend erhielten die Tiere (einzeln) Zugang zur Cafeteria-Diät, die jedoch ganz in der Nähe der Angst machenden Lampe platziert wurde. Diese führte zu einer Unterdrückung des Essverhaltens sowohl bei den Tieren, die in den letzten 40 Tagen nur Rattenfutter bekommen hatten, als auch bei denjenigen, die Rattenfutter und für eine Stunde täglich die Cafeteria-Diät erhalten hatten. Die Ratten der Gruppe, die praktisch ausschließlich von der Cafeteria-Diät gelebt hatte, machten sich demgegenüber an den Käsekuchen und die Würstchen heran, trotz gelernter Angst vor der nahe stehenden Lampe. Negative Konsequenzen des Suchtverhaltens waren ihnen also – anthropomorph gesprochen – gleichgültig: Sie wollten die ihnen bekannte und vertraute Nahrung gleichsam „unbedingt" und „ohne Rücksicht auf Verluste" zu sich nehmen. „Wie bei suchterzeugenden Stoffen auch, führt der ungehinderte Zugang zu Cafeteria-Nahrung zu dem Aufsuchen von Belohnung, das offenbar zwanghaft erfolgte, denn das Verhalten wurde durch einen Hinweis auf erfolgende Bestrafung nicht unterdrückt", schreiben die Autoren des Kommentars zu diesem Befund (3, S. 530; Übersetzung durch den Autor).

Auch die dem veränderten Verhalten zugrunde liegende Neurobiologie wurde von Johnson und Kenny unter die Lupe genommen: Mittels eines viralen Vektors wurde bei weiteren Tieren zunächst die Expression von Dopamin-D2-Rezeptoren im Striatum unterdrückt. Danach erhielten die Tiere die Cafeteria-Diät für nur 14 Tage, ein Zeitraum, der aufgrund früherer Studien nicht ausreicht, um die nach 40 Tagen Cafeteria-Diät beschriebenen Veränderungen der

Belohnungsschwellen bzw. der angstinduzierten Nahrungsvermeidung auszulösen. Die geringere Zahl an striatalen D2-Rezeptoren führte in diesem Experiment dazu, dass bei den Tieren bereits nach 14 Tagen die Merkmale der Sucht vorhanden waren: Die Belohnungsschwellen der Ratten mit der verringerten Zahl an Dopaminrezeptoren wurden durch Käsekuchen aber rasch verstellt, die Schwellen der Ratten mit Rattenfutter bzw. Rattenfutter plus eine Stunde täglich Cafeteria-Diät nicht.

Mit anderen Worten: weniger Dopaminrezeptoren im Striatum bewirken eine vermehrte Anfälligkeit gegenüber der suchterzeugenden Wirkung von hochkalorischer Nahrung. Genau dies war auch das Ergebnis der eingangs beschriebenen Studie von Stice und Mitarbeitern beim Menschen mit und ohne einer genetischen Variante des Dopaminsystems, die zu dessen Unterfunktion führt.

Zudem konnten Johnson und Kenny zeigen, dass das zwanghafte Essen von Käsekuchen (zu erkennen an der gelernten Angst vor Licht, die nicht zu einer Verminderung des Aufsuchens von Käsekuchen neben der Lampe führt) nur bei den Ratten mit verringerter Zahl von Dopaminrezeptoren nachweisbar war. Unangenehme Konsequenzen ihres Verhaltens hielten sie also nicht davon ab (Abb. 1-8). „Zusammengenommen stützen unsere Daten die Idee, dass zwanghaftes Essverhalten bei Ratten mit dauerndem Zugang zu einer hochkalorischen Diät entstehen kann, analog zur Kokainsucht bei Ratten, die zuvor Zugang zu dieser Droge hatten“, kommentieren die Autoren (5; Übersetzung durch den Autor) ihre Befunde im Rückgriff auf Experimente zur Kokain-Selbstverabreichung bei Ratten (14).

Fassen wir zusammen: Suchtartiges Essverhalten entsteht bei ungehindertem Zugang zu einer wohlschmeckenden hochkalorischen (Cafeteria-)Diät. Der Mechanismus besteht in einem verminderten Ansprechen des dopaminergen Belohnungssystems, sodass für den gleichen belohnen-

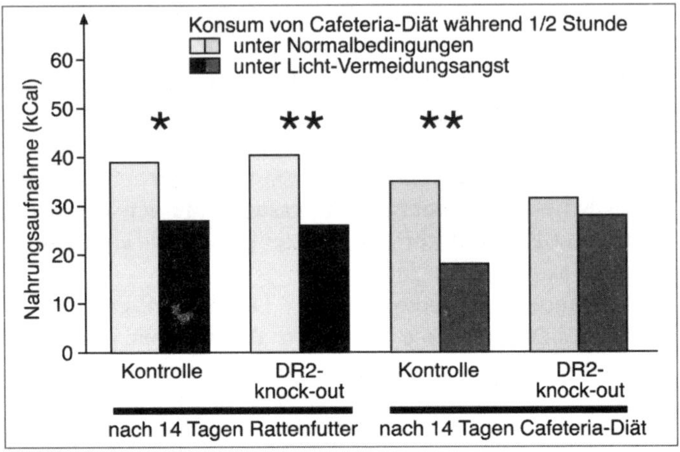

Abb. 1-8 Energieaufnahme von Kontrolltieren sowie Tieren mit geringerer Zahl an striatalen D2-Rezeptoren (D2-knock-down) unter Kontrollbedingung (helle Säulen) sowie unter der Licht-Angst-Vermeidungsbedingung (dunkle Säulen). Wie man sieht, führt das Erlernen der Verknüpfung der Lampe mit Angst bei allen Tieren zu einer signifikanten Verminderung der Nahrungsaufnahme, nicht jedoch bei den Tieren mit einer geringeren Anzahl an striatalen D2-Rezeptoren (nach 5, Fig. 7c). * $p < 0{,}05$; ** $p < 0{,}01$.

den Effekt mehr gegessen werden muss. Ein vermindertes Ansprechen des Systems ist zudem ein Risikofaktor für diese Entwicklung, denn es erleichtert gewissermaßen das Hineinschlittern in einen solchen Teufelskreis aus Käsekuchen > Dopaminunterfunktion > geringerer Belohnungseffekt > mehr Käsekuchen (Abb. 1-9). „Unsere Daten zeigen, dass eine Unterfunktion des Belohnungssystems bei Ratten dann entsteht, wenn diese willentlich eine wohlschmeckende Cafeteria-Diät zu sich nehmen, wie sie auch von Menschen gegessen wird, und dass diese Effekte immer schlimmer werden, je mehr Gewicht sie zunehmen. [...] Eine solche diätinduzierte Belohnungsunterfunktion kann zur

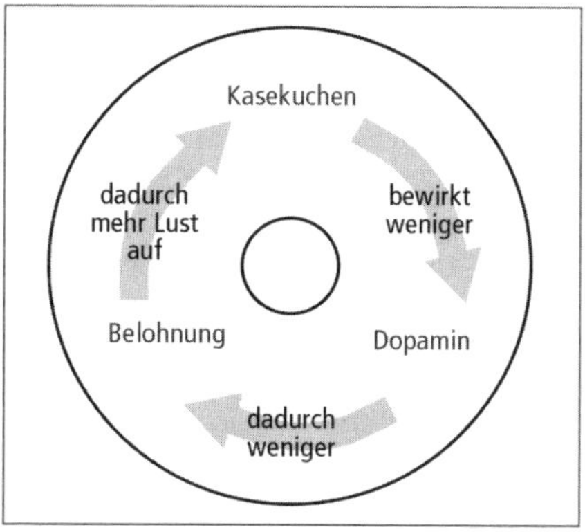

Abb. 1-9 Teufelskreis des krankhaften Übergewichts.

Entwicklung von krankhaftem Übergewicht beitragen, indem sie die Motivation zum Konsum hochkalorischer belohnend wirkender Nahrung steigert, um dem Zustand geringer Belohnung entgegenzuwirken. [...] Unsere Daten sprechen dafür, dass krankhaftes Übergewicht und Drogensucht einen gemeinsamen zugrunde liegenden Mechanismus aufweisen", diskutieren die Autoren ihre Ergebnisse (5; Übersetzung durch den Autor).

Wer hätte gedacht, dass Kokain und Käsekuchen nicht nur ganz ähnliche Auswirkungen auf das Überleben, sondern auch ganz ähnliche Effekte im Gehirn haben?

Literatur

1. Ahmed SH et al. Neurobiological evidence for hedonic allostasis associated with escalating cocaine use. Nature Neuroscience 2002; 5: 625–6.
2. Berns G. Satisfaction. New York: Holt 2005.
3. Epstein DH, Shaham Y. Cheesecake-eating rats and the quesion of food addiction. Nature Neuroscience 2010; 13: 529–31.

4. Goldman-Rakic PS. Cellular basis of working memory. Neuron 1995; 14: 477–85.
5. Johnson PM, Kenny PJ. Dopamine D2 receptors in addiction-like reward dysfunction and compulsive eating in obese rats. Nature Neuroscience 2010; 13: 635–41.
6. Kenny PJ et al. Conditioned withdrawal drives heroin consumption and decreases reward sensitivity. J Neurosci 2006; 26: 5894–900.
7. Olds J, Milner P. Positive reinforcement produced by electrical stimulation of septal area and other regions of rat brain. Journal of Comparative Physiology and Psychology 1954; 47: 419–27.
8. Rolls BJ, Rowe EA, Turner RC. Persistent obesity in rats following a period of consumption of a mixed, high energy diet. J Physiol (Lond.) 1980; 298: 415–27.
9. Small DM et al. Change in brain activity related to eating chocolate. From pleasure to aversion. Brain 2001; 124: 1720–33.
10. Small DM, Jones-Gotman M, Dagher A. Feeding-induced dopamine release in dorsal striatum correlates with meal pleasantness ratings in healthy human volunteers. Neuroimage 2003; 19: 1709–15.
11. Spitzer M. Schokolade im Gehirn. Stuttgart: Schattauer 2001.
12. Stice E, Spoor S, Bohon C, Small DM. Relation between obesity and blunted striatal response to food is moderated by TaqIA A1 allele. Science 2008; 322: 449–52.
13. Szczypka MS et al. Dopamine production in the caudate putamen restores feeding in dopamine-deficient mice. Neuron 2003; 30: 819–28.
14. Vanderschuren LJ, Everitt BJ. Drug seeking becomes compulsive after prolonged cocaine self-administration. Science 2004; 305: 1017–9.
15. Volkow ND, Fowler JS, Wang GJ. Role of dopamine in drug reinforcement and addiction in humans: results from imaging studies. Behav Pharmacol 2002; 13: 355–66.
16. Volkow ND et al. Low dopamine striatal D2 receptors are associated with prefrontal metabolism in obese subjects: possible contributing factors. Neuroimage 2008; 42: 1537–43.
17. Wang GJ et al. Brain dopamine and obesity. Lancet 2001; 357: 354–7.

18. Wang GJ et al. The role of dopamine in motivation for food in humans: implications for obesity. Expert Opin Ther Targets 2002; 6: 601–9.
19. Wise RA, Spindler J, DeWit H, Gerber GJ. Neuroleptic-induced „anhedonia“ in rats: Pimozide blocks reward quality of food. Science 1978; 201: 262–4.
20. Wise RA. Role of brain dopamine in food reward and reinforcement. Phil Trans R Soc B 2006; 361: 1149–58.
21. Wrase J. Neurobiologie der Glücksspielsucht im Vergleich zur Substanzabhängigkeit. Symposium Glücksspielsucht – aktueller Stand des Wissens. 3.12.2008, München 2008.
22. Zheng H, Berthoud HR. Eating for pleasure or calories. Curr Opin Pharmaco 2007; 17: 607–12.
23. Rossato JI et al. Dopamine controls persistence of long-term memory storage. Science 2009; 325: 1017–20.
24. Heath RG. Pleasure and brain activity in man. Journal of Nervous and mental Disease 1972; 154: 3–18.
25. Spitzer M. Medizin für die Bildung. Heidelberg: Spektrum 2010.
26. De Leon J et al. Weight gain during a double-blind multidosage clozapine study. J Clin Psychopharmacol 2007; 27: 22–7.
27. Rolls BJ, Rowe EA, Turner RC. Persistent obesity in rats following a period of consumption of a mixed, high energy diet. J Physiol (Lond.) 1980; 298: 415–27.

2 Einfach verbieten!

Kinder-TV-Werbung für ungesunde Nahrungsmittel

Wie repräsentative Daten des Berliner Robert Koch-Instituts[1] zeigen (19), sind in Deutschland 15% (entsprechend 1,9 Millionen) Kinder und Jugendliche übergewichtig, 6,3% davon (800 000) krankhaft übergewichtig (adipös)[2]. Der Anteil der übergewichtigen Kinder und Jugendlichen nimmt mit dem Alter zu (Abb. 2-1) und er liegt heute etwa doppelt so hoch wie noch vor 20 Jahren.

Zwischen Jungen und Mädchen gibt es beim Übergewicht keinen Unterschied, wohl aber im Hinblick auf soziale Schicht und Migrationshintergrund. Kinder und Jugendliche aus Familien mit niedrigem Sozialstatus sind von Übergewicht und Adipositas besonders häufig betroffen, Kinder und Jugendliche mit Migrationshintergrund auch, Kinder von Müttern mit Übergewicht oder Adipositas ebenfalls. Weltweit sind 155 Millionen Kinder im Schulalter übergewichtig, weshalb Gesundheitsfachleute voraussagen, dass die Generation der derzeit jungen Menschen die erste ist, deren Lebenserwartung im Gegensatz zu den El-

1 Von Mai 2003 bis Mai 2006 wurde durch das Robert Koch-Institut eine bundesweite Befragung und Messung durchgeführt, an der 14 836 Kinder und Jugendliche von 3 bis 17 Jahren aus 167 Städten und Gemeinden teilnahmen (www.kiggs.de).

2 Übergewicht ist durch den Body-Mass-Index (BMI) als das Verhältnis von Körpergewicht zu Körperoberfläche (berechnet als Körpergröße in Metern zum Quadrat) definiert. Wer 1,80 m groß ist und 80 kg wiegt, hat somit einen BMI von 80/3,24 = 24,7. Er gilt damit gerade noch als normalgewichtig, denn das Normalgewicht ist definiert als BMI zwischen 20 und 25. Ein BMI zwischen 25 und 30 bedeutet Übergewicht und ein BMI von über 30 bedeutet Adipositas (Fettleibigkeit bzw. krankhaftes Übergewicht).

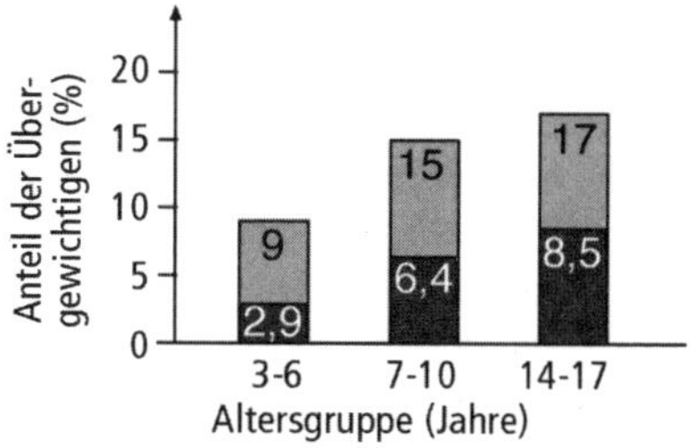

Abb. 2-1 Anteil der übergewichtigen (hell) und krankhaft übergewichtigen (dunkel) Kinder und Jugendlichen in Abhängigkeit vom Alter. 9% der Drei- bis Sechsjährigen sind bereits übergewichtig, 15% der Sieben- bis Zehnjährigen und 17% der 14- bis 17-Jährigen. Die Häufigkeit von krankhaftem Übergewicht (Adipositas) beträgt bei den Drei- bis Sechsjährigen 2,9% und steigt auf über 6,4% bei den Sieben- bis Zehnjährigen bis auf 8,5% bei den 14- bis 17-Jährigen.

tern geringer ausfallen wird (17). Die meisten Übergewichtigen gibt es in den USA, wo der Anteil auch bei den Jungen und Mädchen bei über 30% liegt. Bei den erwachsenen US-Amerikanern liegt die Quote des *krankhaften* Übergewichts bei über 30%. Unter den erwachsenen Europäern ist krankhaftes Übergewicht bei den Deutschen am häufigsten (1).

Weltweit ist nach Angaben der Weltgesundheitsorganisaton WHO Übergewicht etwa doppelt so häufig wie Mangelernährung und Untergewicht (3, 17). Man spricht mittlerweile von einer Adipositasepidemie, und jährlich sterben 2,6 Millionen Menschen an den Folgen von krankhaft erhöhtem Übergewicht (1). Dass der Prozentsatz Übergewichtiger bei Erwachsenen höher ist als bei Kindern und Jugendlichen darf nicht darüber hinweg täuschen, dass Übergewicht und Fettleibigkeit oft in der Kindheit bereits angelegt sind, wie entsprechende Studien ergeben (14). Daher ist alles, was bei Kindern das Essen ungesunder Nahrung verursacht, langfristig für deren Gesundheit extrem schädlich. Zu diesen Ursachen gehört in westlichen Industrieländern der Bildschirmmedienkonsum, der bei Kindern und Jugendlichen in den USA bereits 7,5 Stunden täglich beträgt (mehr als die mit Schlafen verbrachte Zeit) und hierzulande bei 5,5 Stunden liegt.

Seit Langem ist bekannt, dass Fernsehen dick macht (13). Die vor dem Fernseher verbrachte Zeit ist nach einer kürzlich publizierten australischen Studie an 8 800 Erwachsenen ein deutlicher Risikofaktor für eine erhöhte generelle Sterblichkeit sowie eine erhöhte Sterblichkeit an Herz-Kreislauf-Erkrankungen (8). Es wurden 58 087 Personenjahre ausgewertet, während der es 284 Todesfälle gab, davon 87 aufgrund kardiovaskulärer Ereignisse (Herz- und Hirninfarkt) und 125 aufgrund von Krebserkrankungen. Auch nachdem Alter, Geschlecht, Bauchumfang und körperliches Training aus den Daten herausgerechnet wurden, blieb der tägliche TV-Konsum als Risikofaktor für eine erhöhte Sterblichkeit bestehen, der pro Stunde bei 11% zusätzlichem Sterblichkeitsrisiko (an welcher Krankheit auch immer) lag. Im Hinblick auf Herz-Kreislauf-Erkrankungen betrug das Sterblichkeitsrisiko pro zusätzlicher TV-Stunde sogar 18%. Wer vier Stunden oder mehr täglich vor dem Fernseher verbringt, hatte gegenüber jemandem, der zwei Stunden und weniger täglich fernsieht, ein um 46% erhöhtes allgemeines Sterblichkeitsrisiko und ein um 80% erhöhtes Risiko, an einem Infarkt zu versterben. Alle Zusammenhänge waren statistisch signifikant und sind es klinisch auf jeden Fall: Durch viel Fernsehen wird das Risiko, an einem Infarkt zu versterben, nahezu verdoppelt. Man bedenke zusätzlich, dass es keine Gruppe gab, die ganz ohne TV lebte, man also nur sagen kann, um wie viel eine Stunde mehr TV ungesünder ist.

Nahrungsmittel sind die mit Abstand am häufigsten beworbenen Produkte in der an Kinder gerichteten Fernsehwerbung. Allein in den USA gibt die Werbewirtschaft jährlich zehn Milliarden US Dollar zur Beeinflussung des Essverhaltens von Kindern aus, wobei der Löwenanteil auf die Fernsehwerbung entfällt (10, 16). Kinder unter fünf Jahren sehen jährlich mehr als 4000 Werbespots für Nahrungsmittel (10). Oder anders ausgedrückt: Während des Zeichentrick-Unterhaltungsprogramms an einem typischen Sonntagmorgen sehen Kinder im Durchschnitt alle fünf Minuten einen Nahrungsmittelwerbespot (6), und nahezu alle im Fernsehen beworbenen Nahrungsmittel sind ungesund (4, 9, 15, 21, 22, 24, 26, 28, 29).

Amerikanische Wissenschaftler (31) gingen der Frage nach, was es am Fernsehkonsum genau ist, das sich so ungünstig auswirkt. Sie verwendeten Daten von Kindern aus 2037 Familien einer Längsschnittstudie der National Science Foundation (NSF), wobei 1997 eine erste Befragung und 2002 eine zweite Befragung durchgeführt worden war. Zudem wurde der Body-Mass-Index (BMI) bei den Kindern bestimmt (und zur besseren Vergleichbarkeit verschiedener Altersjahrgänge z-transformiert). Wiederum wurden Alter, Geschlecht und körperliches Training sowie die Häufigkeit des Essens während des Fernsehens aus den Daten herausgerechnet, um festzustellen, was am TV-Konsum schädlich wirkt. Hierbei stellte es sich heraus, dass die Werbung für ungesunde Nahrungsmittel in entsprechenden Unterhaltungssendungen für die TV-bedingte Fettleibigkeit verantwortlich war. Für Kinder, die 1997 sieben Jahre alt oder jünger waren, zeigte sich Folgendes: Mit jeder Stunde, die sie 1997 mehr Fernsehkonsum betrieben, lag ihr BMI 2002 um 11% höher. Weder das Programm noch die körperliche Ertüchtigung zwischen dem Betrachten von Unterhaltungsprogrammen mit Werbung hatten einen Einfluss auf das Übergewicht, die Werbung jedoch hatte einen klaren negativen Effekt. Dieser war auch bei Kindern über sieben Jahren nachweisbar, jedoch etwas geringer.

Es ist *eine* Sache, einen statistischen Zusammenhang aufzuzeigen, und *eine andere* Sache, den Mechanismus des Zusammenhangs aufzuklären. *Dass* etwas so ist, sagt noch nichts darüber aus, *warum* etwas so ist. Dass Fernsehen dick macht, ist lange bekannt; dass der Mechanismus vor allem über die Werbung vermittelt wird, ist hingegen erst mit den neuen Daten geklärt. Sie passen gut zu vorliegenden Kenntnissen zum Lernen und zu den Auswirkungen von Werbung bei Kindern. Kinder lernen sehr schnell – was immer wir ihnen an Inhalten anbieten. Experimente an Kindern im Vorschulalter zeigten, dass diese den Inhalt von Werbespots nach nur wenigen Darbietungen gelernt hatten und sich dem Produkt gegenüber entsprechend positiv verhielten: sie fanden es gut und wählten es aus (5, 7, 23). Auch generalisieren Kinder über mehrere Produkte, sodass eine werbebedingte positive Einstellung gegenüber einem Produkt sich auf andere ähnliche Produkte überträgt, wie man seit gut drei Jahrzehnten weiß (11). Zudem weiß man, dass Kinder über Medien hinweg generalisieren, das heißt, eine Fernsehfigur beispielsweise auf der Schokoladenpackung problemlos wiedererkennen.

In den USA beginnen Kinder mit dem Fernsehen im Alter von durchschnittlich neun Monaten, und 90% aller Kinder sehen bereits vor dem Alter von zwei Jahren regelmäßig fern (32). Entsprechend wird Fernsehwerbung gezielt auf diese Gruppe ausgerichtet, was unter anderem zur Folge hat, dass ein Kind bei Schuleintritt mehr als 200 Markennamen bzw. die entsprechenden Produkte kennt (12, 20, 25). Bei Kindern ist der kritische Verstand noch nicht entwickelt. Daher sind sie den Effekten der Werbung relativ schutzlos ausgeliefert. Sind sie dann erst einmal an die üblichen in der Werbung gepriesenen Nahrungsmittel gewöhnt, kommen sie nur noch sehr schwer davon los. In den vergangenen Jahren mehrten sich die Studien, die einen direkten Zusammenhang zwischen Suchtverhalten und pathologischem Essverhalten nachweisen konnten (vgl. Kap. 1, Dopamin und Käsekuchen, S. 1ff.). So wird verständlich, warum diejenigen, die als junge Menschen viel TV-Werbung gesehen haben, gar nicht anders konnten als gewissermaßen sich selbst immer wieder „anzufixen" (um einen Terminus aus der Drogenszene zu gebrauchen). Denn wer die beworbenen Produkte isst, so zeigt die Neurowissenschaft, verstellt damit langfristig sein Belohnungssystem und braucht für den gleichen belohnenden Effekt immer mehr Nahrung. Der Mechanismus von TV-Werbung geht damit über die üblichen Lernprozesse hinaus: Man „lernt" nicht nur Produkte und Markennamen, sondern damit verbundene Assoziationen und sogar Verhaltensweisen.[3] Nein, man wird sogar *süchtig* nach einer bestimmten Form von Nahrung, die reich ist an Fett und Kohlenhydraten und für deren Dauerkonsum unser Gehirn evolutionär nicht vorbereitet ist.

So wird verständlich, wie vernunftbegabte Menschen, die wissen, wie ungesund und vor allem auch unangenehm (psychisch und physisch) ein erhöhtes Körpergewicht ist, dennoch viel essen und dick werden. Ich glaube nicht, dass

---

3 Ein schönes Beispiel hierfür liefern drei kürzlich publizierte Experimente, die zeigen, dass Fast Food zu Hast und Ungeduld führt: Wer durch die Logos von Fast-Food-Ketten wie McDonald's oder Subway unbemerkt vorgebahnt ist, liest anschließend einen Text etwa 20% schneller. Wer gerade den Besuch eines Fast-Food-Restaurants erzählt hat (im Vergleich zum Erzählen eines Lebensmitteleinkaufs), bewertet Produkte, deren Verwendung vermeintlich Zeit spart (z. B. „two-in-one shampoo"), signifikant positiver. Das Betrachten der Markenzeichen von Fast-Food-Restaurants (im Vergleich zu den Schildern zweier ebenfalls günstiger aber kein Fast Food servierender Restaurants) führte in einem dritten Experiment zu einer von 11 auf 17% gesteigerten Diskontierung der Zukunft, das heißt, zu einer Veränderung des Sparverhaltens im Sinne einer größeren Wertschätzung unmittelbarer Gratifikation (30).

die Nahrungsmittelkonzerne dies wussten als sie damit begannen, bestimmte Lebensmittel in großem Stil an Kinder zu verkaufen und zu bewerben. Aber es hat sehr gut funktioniert und satte (sic!) Gewinne produziert. Gesamtgesellschaftlich jedoch ist die Übergewichtsepidemie ein Desaster: Wer im Alter dick wird, der erlebt die Komplikationen seiner verhaltensbedingten Stoffwechselstörung in aller Regel nicht, sondern stirbt vorher an irgendetwas anderem. Wer aber als Kind schon zu dick ist, dessen Organismus hat Zeit genug, mit hoher Wahrscheinlichkeit all die chronischen Krankheiten (betreffend Herz-Kreislauf, Krebs, Knochen, Gelenke bis hin zu chronischen psychischen Störungen) mit sehr großer Wahrscheinlichkeit zu erleben und letztlich daran zu versterben. Mit dem Übergewicht ist es daher wie mit Alkohol und Nikotin: Zwar nimmt die Gesellschaft Steuern ein, aber die Schäden und die damit einhergehenden finanziellen Verluste für die Gesellschaft sind weitaus größer als die Einnahmen.

Die Konsequenz liegt auf der Hand: *An Kinder gerichtete Werbung für ungesunde Nahrungsmittel sollte verboten werden.* In Schweden ist jegliche an Kinder gerichtete Werbung verboten (27). Weil 32% der britischen Jungen sowie 31% der Mädchen zwischen 2 und 15 Jahren übergewichtig sind, darf seit 2008 im britischen Fernsehen bei Kindern (also in Sendungen vor 21 Uhr) nicht mehr für Junk Food geworben werden. Gesundheitsgruppen hatten sich für ein vollständiges Werbeverbot für Junk Food ausgesprochen. Die Werbewirtschaft und die werbefinanzierten Privatsender kritisierten die Maßnahmen als zu weitgehend. Das wundert nicht. Aber mit Arbeitsplätzen kann man nicht alles rechtfertigen, ganz sicher nicht das Leid und den Tod vieler Menschen der nächsten Generation. Und ebenso wenig die Verunsicherung von Eltern, die für ihr Kind das Beste wollen, es aber *gegen* die Werbung und damit *gegen* ihr Kind durchsetzen müssen. „For parents, choosing the right food for a young child can be very difficult: cost, convenience, availability, familiarity, comfort, reward, and peer pressure all compete with the inherent desire to do what is best for the child's health"[4] heißt es in einem Editorial der internationalen Medizin-Zeitschrift *The Lancet* vom 20. Februar 2010. Auch in Südkorea, dem dritten Land der Erde, in dem an Kinder gerichtete Werbung für ungesunde Nahrungsmittel verboten ist (2), hat man dies begriffen. Wie lange müssen wir hierzulande noch warten, bis etwas geschieht?

Literatur

1. Anonymus. Fettleibigkeit in Europa. Spiegel online 19.4.2007 (www.spiegel.de/wissenschaft/mensch/0,1518,478167,00.html; accessed 15.10.2010).
2. Anonymus. Childhood obesity: affecting choices (Editorial). Lancet 2010; 375: 611.
3. Anonymus. An end to world hunger. Oracle ThinkQuest Education Foundation. (http://library.thinkquest.org/C002291/high/present/stats.htm; accessed 15.10.2010).
4. Batada A, Seitz MD, Wootan MG, Story M. Nine out of 10 food advertisements shown during Saturday morning children's television programming are for foods high in fat, sodium, or added sugars, or low in nutrients. J Am Diet Assoc 2008; 108: 673–678.
5. Borzekowski DL, Robinson TN. The 30-second effect: an experiment revealing the impact of television commercials on food preferences of preschoolers. J Am Diet Assoc 2001; 101: 42–46.

4 „Die Auswahl der richtigen Nahrungsmittel kann für die Eltern zu einem schwierigen Problem werden: Kosten, Bequemlichkeit, Verfügbarkeit, Bekanntheit, Komfort, Belohnung und der Druck der Gemeinschaft befinden sich sämtlich im Wettbewerb mit dem Wunsch der Eltern, das zu tun, was für das Kind am gesündesten ist" (1, Übersetzung durch den Autor).

6. Cotugna N. TV ads on Saturday morning children's programming – what's new? J Nutr Educ 1988; 20: 125–127.
7. Dixon HG et al. The effects of television advertisements for junk food versus nutritious food on children's food attitudes and preferences. Soc Sci Med 2007; 65: 1311–1323.
8. Dunstan DW et al. Television viewing time and mortality: The Australian Diabetes, Obesity and Lifestyle Study (AusDiab). Circulation 2010; 121: 384–391.
9. Gamble M, Cotugna N. A quarter century of TV food advertising targeted at children. Am J Health Behav 1999; 23: 261–267.
10. Gantz W, Schwartz N, Angelini JR, Rideout V. Food for thought: Television food advertising to children in the United States. Menlo Park, CA: Kaiser Family Foundation 2007.
11. Goldberg ME, Gorn GJ, Gibson W. TV messages for snack and breakfast foods: do they influence children's preferences? J Consum Res 1978; 5: 73–81.
12. Gunter B, Oates C, Blades M. Advertising to children on TV: Content, impact, and regulation. Mahwah, NJ: Lawrence Erlbaum 2005.
13. Hancox RJ, Milne BJ, Poulton R. Association between child and adolescent television viewing and adult health: a longitudinal birth cohort study. Lancet 2004; 364: 257–262.
14. Harrington JW et al. Identifying the „Tipping Point" age for overweight pediatric patients. Clinical Pediatrics (online 11.2.2010. doi:10.1177/ 0009922809359418).
15. Harrison K, Marske AL. Nutritional content of foods advertised during the television programs children watch most. Am J Public Health 2005; 95: 1568–1574.
16. Institute of Medicine. Progress in preventing childhood obesity: How do we measure up? Washington, DC: National Academies Press 2006.
17. International Association fort the Study of Obesity (IASO; 2009/2010) Obesity: understanding and challenging the global epidemic. www.iaso.org/site_media/uploads/IASO_Summary_Report_2009.pdf (accessed 15.10.2010).
18. Kotz K, Story M. Food advertisements during children's saturday morning television programming: Are they consistent with dietary recommendations? J Am Diet Assoc 1994; 94: 1296–1300.

19. Kurth, B-M, Rosario AS. Die Verbreitung von Übergewicht und Adipositas bei Kindern und Jugendlichen in Deutschland. Ergebnisse des bundesweiten Kinder- und Jugendgesundheitssurveys (KiGGS). Bundesgesundheitsbl – Gesundheitsforsch – Gesundheitsschutz 2007; 250: 736–743.
20. McNeal JU. Kids as Customers: A handbook of marketing to children. New York: Lexington Books 1992.
21. Powell LM, Szczypka G, Chaloupka FJ. Exposure to food advertising on television among US children. Arch Pediatr Adolesc Med 2007; 161: 553–560.
22. Powell LM et al. Nutritional content of television food advertisements seen by children and adolescents in the United States. Pediatrics 2007; 120: 576–583.
23. Robinson TN et al. Effects of fast food branding on young children's taste preferences. Arch Pediatr Adolesc Med 2007; 161: 792–797.
24. Ross RP et al. Nutritional misinformation of children: A developmental and experimental analysis of the effects of televised food commercials. J Applied Develop Psychol 1981; 1: 329–347.
25. Schor J. Born to buy: The commercialized child and the new consumer culture. New York, NY: Scribner 2004.
26. Schwartz MB et al. Examining the nutritional quality of breakfast cereals marketed to children. J Am Diet Assoc 2008; 108: 702–705.
27. Spitzer M. Werbung für Kinder? In: Das Wahre, Schöne, Gute. Stuttgart: Schattauer 2009: 49–56.
28. Taras HL, Gage M. Advertised foods on children's television. Arch Pediatr Adolesc Med 1995; 149: 649–652.
29. Thompson D et al. Comida en venta: after-school advertising on Spanish-language television in the United States. J Pediatr 2008; 152: 576–581.
30. Zhong C-B, DeVoe SE. You are what you eat: Fast food and impatience. Psychological Science 2010; 21: 619–622.
31. Zimmerman FJ, Bell JF. Associations of television content type and obesity in children. Am J of Public Health 2010; 100: 334–340.
32. Zimmerman FJ, Christakis DA, Meltzoff AN. Television and DVD/Video viewing in children younger than 2 years. Arch Pediatr Adolesc Med 2007; 161: 473–479.

3 Sex and Crime

Es ist eine unbestrittene Tatsache, dass „Sex and Crime" *die* Dauerbrenner in den Medien sind. Ganz besonders bei jungen Menschen, die einerseits lernfähig und andererseits gerade in sozialen Dingen noch sehr lernbedürftig sind.

- Warum aber haben Menschen anscheinend ein unstillbares Interesse daran, sich Szenen anzuschauen, in denen sich andere Menschen entweder prügeln oder paaren?
- Handelt es sich bloß um eine „dumme Angewohnheit", um eine geschickte Strategie der Programmmacher, um die Massen dazu zu bringen, sich billige und schlechte Programme anzusehen – und die Werbung gleich mit?
- Oder liegen die Gründe für unsere Präferenzen vielleicht doch tiefer?

Die Erkenntnisse der modernen Biologie legen nahe, dass dies kein Zufall und schon gar keine Laune unserer Kultur ist, sondern letztlich mit unserem evolutionsbiologischen Erbe zu tun hat. Dies folgt aus theoretischen Überlegungen und es gibt auch experimentelle Ergebnisse, die diese Ansicht stützen.

Die meisten Primaten leben in komplexen Gesellschaften. Wer erfolgreich sein will, der muss über die anderen gut Bescheid wissen, insbesondere über Verwandtschaftsverhältnisse, Machtverhältnisse (soziale Hierarchien) und über alles, was der erfolgreichen Reproduktion und dem Überleben der Nachkommen dienlich ist (s. Kap. 1 und Kap. 12, S. 108ff.). Bei Pavianen oder Schimpansen ist nachgewiesen, dass die Qualität der Beziehungen innerhalb der Gruppe sich direkt auf die Überlebenswahrscheinlichkeit der Nachkommen auswirkt (1, 8, 10, 13). Daraus folgt im Hinblick auf das eigene Verhalten, dass jegliche Kenntnisse über soziale Beziehungen für das einzelne Gruppenmitglied besonders bedeutsam sind und daher das *Aneignen* der

Abb. 3-1 Paviane (Foto: © Kurt Bouda/pixelio.de)

entsprechenden Information einen hohen Stellenwert hat. Anders gewendet: Wenn das eigene Überleben, und vor allem die eigene Reproduktion, sich immer im Rahmen einer Gruppe vollzieht, dann ist das aktive Sammeln von Erkenntnissen über andere Gruppenmitglieder ein Evolutionsvorteil, das heißt, dieses Verhalten wird durch die Selektion gefördert. Oder ganz kurz: So wundert es nicht, dass Primaten das Betrachten anderer Primaten als belohnend erleben und beispielsweise auf Futter verzichteten, um Videos anderer Primaten anschauen zu können, wie eine entsprechende Studie zeigte (3).

In diesem Zusammenhang sei der empirische Befund erwähnt (7), dass über die Arten der Primaten hinweg die Größe der Großhirnrinde mit der Größe der Gruppe bzw. Horde, in der die spezielle Art lebt, korreliert: Wer in einer großen Gruppe lebt, der braucht ein großes Gehirn, um die komplizierten sozialen Bezüge in der Gruppe wahrzunehmen, zu verarbeiten und sein Verhalten entsprechend zu planen. Im Laufe der Evolution führte dies dazu, dass Suchen, Erkennen und Speichern von Informationen über soziale Bezüge einem hohen Selektionsdruck unterworfen waren, der das Wahrnehmen, Denken und Handeln von Primaten maßgeblich geprägt hat. Aristoteles sprach vom Menschen als soziales Wesen und benannte vor über 2000 Jahren letztlich das Endprodukt dieser Entwicklung: Ein Wesen, das in allererster Linie ein *soziales* Wesen ist. „Deswegen suchen Menschen, auch wenn sie in keiner Weise auf gegenseitige Hilfe angewiesen sind, doch um nichts weniger ein Leben in der Gemeinschaft" (4).

Aristoteles nennt im gleichen Absatz des Menschen „Glückseeligkeit" bzw. spricht von „naturgegebener Annehmlichkeit". Er nimmt damit einen knapp 2400 Jahre später gelungenen Nachweis vorweg:

Im Gegensatz zu materiell belohnenden Reizen haben soziale Stimuli die wichtige Eigenschaft, dass wir uns *nicht* an sie gewöhnen, also die Reaktion des Belohnungssystems auf diese Reize nicht nachlässt. Anders ausgedrückt: Auch das beste Essen und die teuersten Sachen langweilen uns irgendwann; von Gemeinschaft mit anderen Menschen hingegen können wir nie genug bekommen.

Dass wir Menschen das komplexeste und zugleich variationsreichste Sozialverhalten aufweisen, darf nicht darüber hinwegtäuschen, dass es biologisch im Sozialverhalten der Primaten verwurzelt ist. So sollten für männliche Primaten Informationen über andere männliche Primaten und sexuell gerade aktive weibliche Primaten besonders wichtig sein, da von diesen Individuen letztlich ihr eigener Reproduktionserfolg abhängt (5, 12).

Diese allgemeinen Überlegungen lassen sich im Experiment überprüfen. Hierzu verwendeten Wissenschaftler der *Duke-University* in North Carolina eine Anordnung, bei der männliche Rhesusaffen durch eine Blickbewegung zwischen Saft einerseits und Saft plus Betrachten eines Bildes andererseits wählen konnten (6). Am Experiment nahmen die Mitglieder einer Affenhorde (vier Weibchen und acht Männchen) teil, innerhalb derer die soziale Hierarchie klar etabliert und zudem mit Tests gut messbar war. Man braucht nur zwei Affen zusammenbringen und die Art des Blickkontakts zu messen. Es wurde sofort klar, dass der eine den anderen direkt anschaut und dass der andere seinen Blick abwendet.

- Anschauen ist bedrohlich und eine Geste der Dominanz,
- Wegschauen ist eine Geste der Unterwerfung bzw. Unterordnung.

Man variierte die Menge an Fruchtsaft und konnte feststellen, ob der Affe ein Bild besonders gerne oder ungern anschaut: Wird ein bestimmtes Bild besonders gerne angeschaut, so wird sich der Affe, um das Bild sehen zu können, mit wenig Saft begnügen. Ein Bild, das er nur ungern sieht, muss mit mehr Saft verknüpft sein. Die Menge an Fruchtsaft stellt gleichsam eine „Währung" dar, mit der der Affe für das Betrachten gerne gesehener Bilder „bezahlt" bzw. für das Betrachten ungerne gesehener Bilder bezahlt wird. Bei den Bildern handelte es sich einerseits um die Gesichter anderer Affen aus der Gruppe, getrennt nach Affen, die für das Versuchstier in der Hierarchie über oder unter ihm standen, oder es handelte sich um Bilder der „Hinterteile" der vier weiblichen Gruppenmitglieder.

Ihre Ergebnisse beschreiben die Autoren wie folgt: „Der Wert, den die Affen der Gelegenheit zumaßen, bestimmte Bilder zu sehen, spiegelte die subjektive Bedeutung der Bilder für die Steuerung von Sozialverhalten wider. Obwohl sie durstig waren, opferten die Versuchstiere Saft, um die Hinterteile von Weibchen oder die Gesichter dominanter Männchen zu sehen, mussten aber für das Anschauen der Gesichter von untergeordneten Affen mit Saft bezahlt werden“ (6; Übersetzung durch den Autor). Selbst Affen „bezahlen“ also dafür, Bilder auf einem Bildschirm betrachten zu können, welche explizite Sexualität und implizite Aggressivität (Dominanz und Machtverhältnisse) darstellen. Kurz: „sex and crime sells“, wie Werbestrategen sagen.

Man könnte aus evolutionsbiologischer Sicht noch hinzufügen: Die 12- bis 16-jährigen männlichen Jugendlichen, die vor 100 000 Jahren keine Lust hatten, den Älteren beim Balgen oder Paaren zuzuschauen, wurden nicht unsere Vorfahren.

Was folgt? Ich denke, dass man aus der Sicht dieser Befunde keinesfalls ableiten kann, dass Jugendliche mit Sex & Crime geradezu bombardiert werden sollten. Mit dem gleichen Argument könnte man sonst auch das Füttern hochkalorischer Nahrung an Kinder rechtfertigen, denn diese sind von der Evolution ebenfalls „programmiert“, Zucker und Fett in großen Mengen zu sich zu nehmen, wenn diese Nährstoffe – was selten vorkam – verfügbar sind. Die evolutionären Wurzeln der Bedürfnisse unseres Körpers (Käsekuchen & Pommes) und unseres Geistes (Sex & Crime) verweisen vielmehr auf Fallstricke, die unsere Kultur bereithält, indem sie uns ermöglicht, diese Bedürfnisse permanent zu befriedigen. Aus dem Sein folgt hier keineswegs das Sollen! „Wenn die das wollen, dann muss was dran sein!“ – Dieses oft gehörte Argument gilt weder für Kinder, Fett und Zucker noch für Jugendliche, Sex and Crime!

Literatur

1. Alberts SC, Watts HE, Altmannn J. Queuing and queue-jumping: long-term patterns of reproductive skew in male savannah baboons, Papio cynocephalus. Anim Behav 2003; 65: 821–840.
2. Anderson JR. Social stimuli and social rewards in primate learning and cognition. Behav Proc 1998; 42: 159–175.

3. Andrews MW, Bhat MC, Rosenblum LA. Acquisition and long-term patterning of joystick selection of food-pellet vs social-video reward by bonnet macaques. Learn Motiv 1995; 26: 370–379.
4. Aristoteles: Politik. Band 9. In: Flashar H (Hrsg). Berlin: Akademie Verlag 1991. Buch II–III, Kapitel 6: 59–60.
5. Bercovitch FB. Coalitions, cooperation, and reproductive tactics among adult male baboons. Anim Behav 1988; 36: 1198–1209.
6. Deaner RO, Khera AV, Platt ML. Monkeys pay per view: Adaptive valuation of social images by rhesus Macaques. Curr Biol 2005; 15: 543–548.
7. Dunbar RIM. Neocortex size as a constraint on group size in primates. J Hum Evol 1992; 20: 469–493.
8. Goodall J. The Chimpanzees of Gombe. Patterns of Behaviour. Cambridge, MA: Harvard University Press 1986.
9. Sackett GP. Monkeys reared in isolation with pictures as visual input: Evidence for an innate releasing mechanism. Science 1966; 154: 1468–1473.
10. Silk JB, Alberts SC, Altmann J. Social bonds of female baboons enhance infant survival. Science 2003; 302: 1231–1234.
11. Spitzer M. Vorsicht Bildschirm. Stuttgart: Klett 2004.
12. Van Noordwijk MS, Van Schaik CP. Career moves: transfer and rank challenge decisions by male long-tailed macaques. Behaviour 2001; 138: 359–395.
13. Widdig A, Bercovitch FB, Streich WJ, Sauermann U, Nurnberg P, Krawczak M. A longitudinal analysis of reproductive skew in male rhesus macaques. Proc R Soc Lond B Biol Sci 2004; 271: 819–826.

4 Hormone zur Hochzeit

Gentest für Treue, Impfung gegen Scheidung

Als Student schlug ich mich mit Tingel-Tangel-Musik so recht und schlecht durchs Leben. Neben Clubs und Bars, Vereinsfeiern, Kirmes und Karneval gehörten Hochzeiten zum einträglichen Geschäft. Ich habe einige Hundert erlebt und so manche ist mir noch immer im Gedächtnis. Leider habe ich keine Statistiken geführt, aber mein subjektiver Eindruck ist, dass bei mindestens der Hälfte aller Hochzeiten die Braut irgendwann einmal weint, also emotional vollkommen am Ende ist. Auch für die Brautmutter ist die Hochzeit ihrer Tochter immer mit enormem Stress verbunden, bis hin zu stresshormoninduzierter Abwehrschwäche und damit verbundenen körperlichen Beschwerden. Sehr gut erinnere ich mich noch an eine richtig schief gegangene Hochzeitsfeier, während der der Bräutigam mit einer anderen Frau immer heftiger flirtete und an deren Ende ich – der Musikant! – die in Tränen aufgelöste Braut alleine nach Hause brachte. – Aber meistens geht es ja gut, zumindest am Tag der Hochzeit und vielleicht auch noch an dem danach.

Ich hätte damals nicht gedacht, dass die Gehirnforschung jemals einen Beitrag zur Aufklärung dieses mir immer sehr eigenartig vorkommenden Ereignisses liefern würde, von dem ich dachte, dass es von Gastwirten oder vielleicht von der Kirche erfunden worden war, um irgendwie an Kundschaft zu kommen. Dass diese Feier, bei der keiner hungern und frieren soll (aber alle zum Platzen satt sind und schwitzen), bei der man sich herausputzt (in Kleidern, die man sonst nie anziehen würde) und Leute trifft, mit denen man ansonsten nichts zu tun hat (weswegen eigens „Unterhalter“ engagiert werden) irgendeinen tieferen Sinn oder gar eine naturwissenschaftliche Grundlage haben könnte, kam mir nicht in den Sinn (zumal ja alle immer froh waren, wenn es denn endlich vorbei war)[1]. Schon gar nicht gerechnet hätte ich mit der Chuzpe einer britischen Journalistin, die nicht nur sich selbst und ihrem Bräutigam, sondern auch ihren Hochzeitsgästen zwei Blutentnahmen (vor und nach der Trauung) zumutete, um die hormonellen Auswirkungen einer Vermählung wissenschaftlich zu untersuchen. Sie kontaktierte zu diesem Zweck Paul Zak, einen der weltweit bekanntesten Oxytocinforscher aus Claremont/Kalifornien, der zur Hochzeit kam und für die Blutentnahmen sowie die Weiterverarbeitung und Analyse der Blutproben sorgte. „Wir hatten die Lokalität gebucht, die Kleider der Brautjungfern ausgesucht und sogar eine Entscheidung im Hinblick auf die Farben der Tischdekorationen gefällt. Das Auffinden einer Kühlzentrifuge und einer größeren Menge von Trockeneis im ländlichen Südwestengland war da schon deutlich schwieriger. Und dann gab es natürlich noch die Sorgen über Blutflecke auf meinem seidenen Hochzeitskleid und die Frage, was zu tun wäre, wenn jemand in Ohnmacht fallen würde", leitet die Journalistin Linda Geddes ihren Bericht ein, der im sehr britischen wissenschaftlichen Fachblatt *New Scientist* unter der Überschrift „Mit diesem Reagenzglas erkläre ich euch für Mann und Frau" abgedruckt wurde (4).

Das Hauptaugenmerk der Studie lag natürlich auf dem Bindungshormon Oxytocin (griechisch: *okys*: schnell; *tokos*: Geburt). Dieses Peptidhormon wurde vor gut einem halben Jahrhundert entdeckt, das heißt, chemisch isoliert und synthetisiert (Abb. 4-1). Es besteht aus neun Aminosäuren und war lange nur in der Geburtshilfe bekannt: Vor der Geburt trägt es zur Einleitung durch Kontraktion der

1 Diese Beschreibung entspricht meinen Erfahrungen, trifft jedoch sicherlich nicht auf jede Hochzeit zu; ganz gewiss nicht auf Ihre!

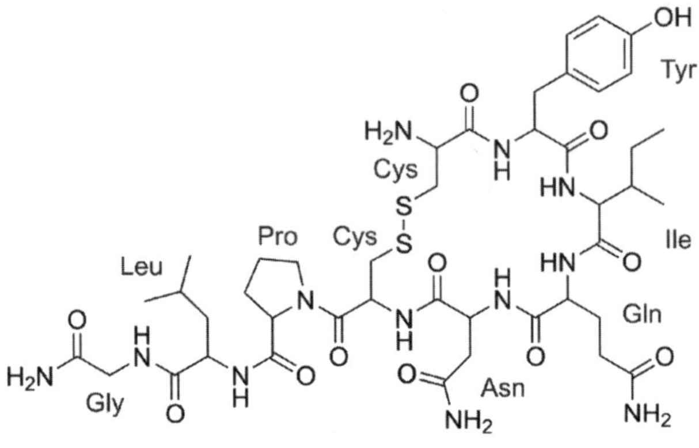

Oxytocin

Cys–Tyr–Ile–Gln–Asn–Cys–Pro–Leu–Gly–NH_2

Vasopressin

Cys–Tyr–Phe–Gln–Asn–Cys–Pro–Arg-Gly–NH_2

Abb. 4-1 Strukturformel von Oxytocin (oben) und Vergleich der beiden jeweils aus neun Aminosäuren bestehenden Peptidhormone Oxytocin und Vasopressin (unten).

Gebärmutter bei und begünstigt nach der Geburt den Milcheinschuss. Wenn der Säugling direkt nach der Geburt an der mütterlichen Brustwarze saugt, kommt es zu einem starken Zusammenziehen der Gebärmutter (was jede Frau sofort als ziehenden Schmerz im Unterleib spürt), was wiederum die Blutung stillt.

Seit etwa zwei Jahrzehnten sind zudem immer mehr psychologische Effekte des Oxytocins bekannt geworden, vor allem im Hinblick auf seine Rolle bei der Regulation von Sozialverhalten. Zunächst fand man, dass Oxytocin bei amerikanischen Präriewühlmäusen für monogames Paarbindungsverhalten sorgt. Bergwühlmäuse dagegen besitzen deutlich weniger Oxytocinrezeptoren im Gehirn und verhalten sich polygam (7). Auch beim Menschen beeinflusst Oxytocin das Bindungsverhalten, wird beispielsweise bei Männern während des sexuellen Höhepunkts ausgeschüttet und sorgt so für langfristige Paarbindung.

Es hat zudem eine Reihe komplexer Wirkungen auf soziale Emotionen und Verhaltensweisen, führt zu einer verbesserten Wahrnehmung der Emotion der Angst (27), was schon allein deshalb interessant ist, weil der Mandelkern besonders viel Oxytocinrezeptoren enthält (6) und mit Vertrauensbildung in Verbindung gebracht wurde (24). Hierzu passt, dass Oxytocin zu höheren Investitionen (mehr Vertrauen) (12) führt sowie zu Empathie, Altruismus und Großzügigkeit (1, 9, 11, 26); aber auch zu mehr Neid und Schadenfreude (17, 18, 21). Bei Patienten mit Autismus verbessert es die soziale Kompetenz und das Sozialverhalten (28), was sich möglicherweise auf die Therapie nicht nur dieses Syndroms auswirken könnte (10).

Auch Vasopressin, das man früher nur mit dem Blutdruck und mit der Regulation des Wasserhaushalts in Verbindung gebracht hatte, hat eine sozialpsychologische Seite, die möglicherweise mit modulierenden Wirkungen auf den Geruchssinn in Zusammenhang stehen, wie Experimente an Ratten nahelegen (20). Bei Wühlmäusen und anderen Nagern wirkt es auf ähnliche Verhaltensweisen wie Oxytocin und ist an sozialen Bindungsprozessen beteiligt. Die Wirkung wird dabei über einen Rezeptor (V_{1a}) vermittelt, der in unterschiedlichen genetischen Varianten vorliegt, sowohl bei den Vertretern einer Spezies als auch zwischen unterschiedlichen Arten (3, 8, 25, 29). Präriewühlmäuse sind monogam, im Unterschied zu Berg- und Weidenwühlmäusen, was sich durch Blockade des genannten Vasopressinrezeptors ändern lässt (2). Umgekehrt kann man das Gen für den V_{1a}-Rezeptor über ein Virus in Weidenwühlmäuse einschleusen und damit bei diesen nicht monogam lebenden Tieren monogames Paarbindungsverhalten induzieren (14). Man kann also gegen Polygamie impfen – zumindest bei Wühlmäusen.

Eine schwedische Arbeitsgruppe (23) konnte zeigen, dass Varianten des Vasopressinrezeptors auch für das Paarbindungsverhalten des Menschen eine Rolle spielen: bei 552 gleichgeschlechtlichen Zwillingspaaren und ihren Partnern wurden der Rezeptorgenotyp mit der Qualität der Paarbeziehung in Verbindung gebracht. Die Varianten eines von drei Repeat-Polymorphismen (des RS3-Polymorphismus) waren bei Männern sowohl mit dem Familienstand (verheiratet oder nicht) als auch mit der erlebten Beziehungsqualität des Mannes als auch der Partnerin korreliert: Männliche Träger des Allels 334 hatten eine hoch signifikant schlechtere Paarbeziehung. Diese genetische Variante wurde in Schweden bei 40% der Männer gefunden und ihr Effekt war dosisabhängig (Abb. 4-2, S. 38).

Verglich man die jeweils homozygoten Männer miteinander (also die Männer mit zwei 334-Allelen versus die Männer mit keinem), so zeigte sich etwa eine Verdopplung der unverheirateten Männer in der Gruppe mit zwei 334-Allelen sowie (bei den Verheirateten aus dieser Gruppe) eine Verdopplung der Gedanken an Scheidung. Varianten des gleichen Gens wurden zudem mit Musikalität in Verbindung gebracht (22), was dem Sprichwort „Wo man singt, da lass dich ruhig nieder“ eine ganz neue biologische Bass-Note verleiht.

Die kanadische Firma Genesis Biolabs bietet mittlerweile (für lächerliche 99 kanadische Dollar) einen Test an, mit dem man sich (oder seinen Partner) auf die 334-Variante des Vasopressinrezeptors V_{1a} untersuchen lassen kann. Auf ihrer Web-Seite (www.genesisbiolabs.com) kann man Folgendes lesen: „Ein Test für den Vasopressinrezeptor 1a, auch unter den Namen Skrupellosigkeits-Gen oder Bindungs-Gen bekannt, ist wahrscheinlich ein Indikator für Eheglück. Ehen, die auf gegenseitigem Respekt aufbauen [...], sind eher erfolgreich und enden seltener mit Scheidung. Ist ihr Verlobter nur hinter ihrem Geld her? Sofern er ein Skrupellosigkeits-Gen aufweist, könnte das durchaus sein; mit der altruistischen Variante des Vasopressinrezeptors 1a eher nicht. Skrupellose Menschen lügen, täuschen und stehlen, um zu bekommen, was sie wollen. Die Genetik kann das Verhalten und die Motivation eines Menschen nicht mit Garantie anzeigen [...] aber Gene lügen nicht. Bevor sie sich für ihr Leben festlegen, testen sie ihren Verlobten." (Übersetzung durch den Autor)[2].

Halten wir fest: Neben Oxytocin hat auch Vasopressin Auswirkungen auf menschliches Sozialverhalten, die man

2 Im englischen Originaltext klingt das Ganze noch viel besser: „Screening for AVPR1a, known alternately as the ‚ruthlessness' gene or the ‚bonding' gene, is likely an indicator of marital happiness. Marriages born out of mutual respect and mutual interest rather than self-interest are much more likely to succeed and probably less likely to end in divorce. Is your fiancé just after your money? Those with the ‚ruthlessness' gene may very well be. Those with the altruistic version of AVPR1a probably aren't. Ruthless people will lie, cheat and steal to get what they want. Genetics may not be a guaranteed indicator of human behavior and motivation (genetics is only one half of the nature vs. nurture debate) but genes don't lie. Before you make a lifetime commitment, have your fiancé tested." Bevor Sie, liebe Leserin, ein Wattestäbchen über die Wangenschleimhaut ihres Verlobten streifen und nach Kanada schicken, sollten Sie sich die Ungeheuerlichkeit dieses Textes vergegenwärtigen: Ja, Gene lügen nicht (lügen können nur Menschen), und wer skrupellos ist, tut definitionsgemäß Dinge, die man nicht tut. Genetische Varianz hingegen sagt über ein einzelnes Individuum praktisch nichts und kann daher auch nicht den Verlauf einer Beziehung (zu der sowieso immer zwei gehören) voraussagen.

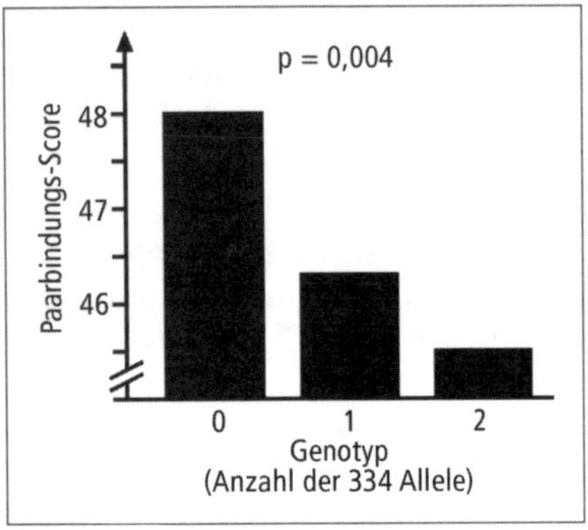

Abb. 4-2 Abhängigkeit der Qualität der Paarbindung (gemessen mit der Partner-Bonding-Scale PBS) vom Genotyp der RS3-Variante des V_{1a}-Rezeptors (nach Daten aus 23).

gerade erst beginnt, zu verstehen. Doch nun zurück zur erwähnten Trauung, einem öffentlichen Paarbindungsversprechen, und deren Effekte auf eine ganze Reihe von Hormonen. Dem Brautpaar sowie den nahen Angehörigen und einigen ausgewählten Gästen wurden 20 ml Blut abgenommen und auf die Hormone Oxytocin, Vasopressin, Testosteron, ACTH und Kortisol untersucht.

Im Hinblick auf das Oxytocin waren die Ergebnisse durchaus wie erwartet: Der stärkste Anstieg war bei der Braut zu verzeichnen, der zweitstärkste bei der Brautmutter und der drittstärkste beim Vater des Bräutigams, dessen Oxytocinkonzentrationen am viertstärksten anstiegen (Abb. 4-3).

Was die anderen Hormone anbetrifft, so war das Bild uneinheitlich. Interessant war ein fast aufs Doppelte gesteigerter Testosteronspiegel beim Bräutigam nach der Trauung, was sich nicht mit früheren Befunden verträgt, wonach der Testosteronspiegel bei verheirateten Männern eher absinkt. Ansonsten gab es nur einen etwa 50%igen Anstieg des Testosterons bei einem Freund der Frau. Dass vor allem die Braut (mit etwa 70%) und die Brautmutter

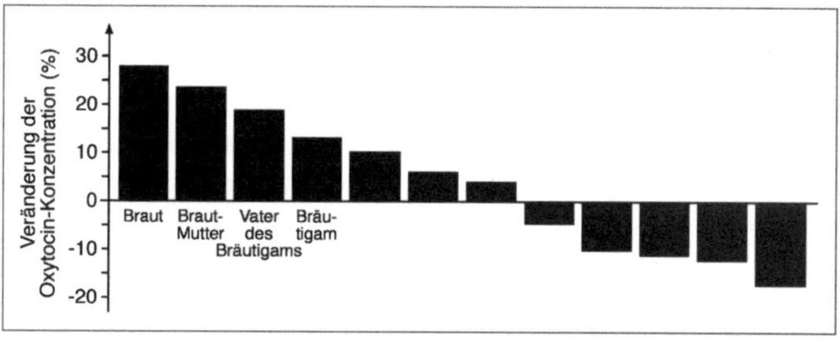

Abb. 4-3 Veränderungen der Konzentrationen des Hormons Oxytocin nach der Trauung (im Vergleich zu vorher) in Prozent. Die vier stärksten Veränderungen ergaben sich beim Brautpaar und den Eltern; bei den anderen Hochzeitsgästen (zumeist Freunde) waren die Veränderungen nicht systematisch (nach 4).

(mit knapp 30%) einen Anstieg der ACTH-Konzentrationen aufwiesen, erscheint mir angesichts des mit dem Fest verbundenen Stresses wenig verwunderlich. Auch das Kortisol war bei der Braut nach der Trauung fast doppelt so hoch wie vorher. Die anderen Hormone, insbesondere Vasopressin, zeigten kein klares Bild. Aber das war auch nicht unbedingt zu erwarten, beziehen sich doch die bekannten Effekte dieses Systems auf das Sozialverhalten auf die Genetik eines Rezeptorsubtyps; und diese wurde nicht untersucht.

Was soll man aus diesem Experiment machen? Die Autorin zitiert den Oxytocinforscher Paul Zak, der durchaus eine Interpretation der Befunde hat: Aus seiner Sicht machen öffentliche Trauungen und entsprechende Feierlichkeiten einen großen Sinn, denn dadurch wird die Familie zusammengebracht und vor allem in ein größeres soziales Netz eingebunden. „Öffentliche Trauungen evolvierten als ein Weg der Bindung von Paaren an ihre Freunde und Verwandte, sodass diese vielleicht eher geneigt sind, bei der

Erziehung der Kinder mitzuhelfen. Vielleicht erklärt auch der Anstieg des Oxytocins bei einer Reihe von Familienmitgliedern und Gästen, dass bei Hochzeiten so viel geweint wird: Oxytocin fördert Empathie und Mitgefühl und führte beispielsweise in einer Studie, in der die Versuchspersonen emotional geladene Filmclips zu betrachten hatten, bei denjenigen zu den stärksten emotionalen Reaktionen, die den größten Oxytocinanstieg aufwiesen (26; Übersetzung durch den Autor).

Völlig offen bleiben muss natürlich die Kausalität der Dinge. Wir wissen ja, dass nicht nur Testosteron aggressiv macht, sondern auch das Hantieren mit einer Spielzeugpistole den Testosteronspiegel erhöht (19). Steigt also der Oxytocinspiegel aufgrund der Freude und Aufgeregtheit in dieser ganzen Bindungsangelegenheit mit Musik, stimmungsvollen Reden und zu Herzen gehenden Gedichten oder ist der Hormonschub zuerst und sorgt dann für die rechte Stimmung?

Der Leser kann hier in Zukunft auf mehr Klarheit hoffen: Zak möchte größere Feldstudien bei Hochzeiten unternehmen, um den hormonellen Begleiterscheinungen bei diesen bedeutsamen menschlichen Festlichkeiten ein für alle Mal auf den Grund zu gehen. Für ihn war die Hochzeit der Journalistin Linda Geddes jedenfalls, in seinen Worten, einer der Höhepunkte seiner Forscherkarriere.

Falls Sie noch nicht verheiratet sind und dies vorhaben, können Sie sich ja bei ihm melden. Oder seine Ergebnisse einfach nur zur Kenntnis nehmen, die tränenüberströmte Brautmutter ganz spontan umarmen und ihr sagen, dass das völlig in Ordnung ist. Wer ganz sicher gehen will, kann auch einen Gentest machen, um bindungsunfähige oder gar skrupellose (Ehe-)Männer schon vorher zu identifizieren. Wer das versäumt hat, der kann wahrscheinlich in naher Zukunft den Ehemann gegen Polygamie impfen lassen – der Markt scheint groß und im Zunehmen begriffen, sodass diese Möglichkeit nur noch eine Frage der Zeit sein sollte.

Ob sich bei so viel Neuro-Bio-Sozial-Wissen(-schaft) längerfristig überhaupt noch einer traut?

Literatur

1. Barraza JA, Zak PJ. Empathy toward strangers triggers oxytocin release and subsequent generosity. Ann NY Acad Sci 2009; 1167: 182–9.
2. Cho MM, DeVries AC, Williams JR, Carter CS. The effects of oxytocin and vasopressin on partner preferences in male and female prairie voles (Microtus ochrogaster). Behav Neurosci 1999; 113: 1071–9.
3. Donaldson ZR, Young LJ. Oxytocin, vasopressin, and the neurogenetics of sociality. Science 2008; 322: 900–4
4. Geddes L. With this test tube; I thee wed. New Scientist 2010; 205(2747): 32–5.
5. Heinrichs M, Domes G. Neuropeptides and social behaviour: effects of oxytocin and vasopressin in humans. Prog Brain Res 2008; 170: 337–50.
6. Huber D, Veinante P, Stoop R. Vasopressin and Oxytocin excite distinct neural populations in the central amygdala. Science 2005; 308: 245–8.
7. Insel TR, Fernald RD (2004) How the brain processes social information: searching for the social brain. Annu Rev Neurosci 2004; 27: 697–722.
8. Insel TR, Wang ZX, Ferris CF. Patterns of brain vasopressin receptor distribution associated with social organization in microtine rodents. J Neurosci 1994; 14: 5381–92.
9. Israel S, Lerer E, Shalev I, Uzefovsky F, Reibold M, Bachner-Melman R, Granot R, Bornstein G, Knafo A, Yirmiya N, Ebstein RP. Molecular genetic studies of the arginine vasopressin 1a receptor (AVPR1a) and the oxytocin receptor (OXTR) in human behaviour: from autism to altruism with some notes in between. Progress in Brain Research 2008; 170: 435–49.

10. Kirsch P, Esslinger C, Chen Q, Mier D, Lis S, Siddhanti S, Gruppe H, Mattay VS, Gallhofer B, Meyer-Lindenberg A. Oxytocin modulates neural circuitry for social cognition and fear in humans. J Neurosci 2005; 25: 11489–93.
11. Knafo A, Israel S, Darvasi A, Bachner-Melman R, Uzefovsky F, Cohen L, Feldman E, Lerer E, Laiba E, Raz Y, Nemanov L, Gritsenko I, Dina C, Agam G, Dean B, Bornstein G, Ebstein RP. Individual differences in allocation of funds in the dictator game associated with length of the arginine vasopressin 1a receptor RS3 promoter region and correlation between RS3 length and hippocampal mRNA. Genes Brain Behav 2008; 7: 266–75.
12. Kosfeld M, Heinrichs M, Zak PJ, Fischbacher U, Fehr E. Oxytocin increases trust in humans. Nature 2005; 435: 673–6.
13. Lee HJ, Macbeth AH, Pagani JH, Young WS III. Oxytocin: The great facilitator of life. Prog Neurobiol 2009; 88: 127–51.
14. Lim MM, Wang Z, Olazábal DE, Ren X, Terwilliger EF, Young LJ. Enhanced partner preference in a promiscuous species by manipulating the expression of a single gene. Nature 2004; 429: 754–7.
15. Nair HP, Young LJ. Vasopressin and Pair-Bond Formation: Genes to Brain to Behavior. Physiology 2004; 21: 146–52.
16. Ophir AG, Wolff JO, Phelps SM. Variation in neural V1aR predicts sexual fidelity and space use among male prairie voles in semi-natural settings. Proc Natl Acad Sci USA 2008; 105: 1249–54.
17. Shamay-Tsoory SG. One hormonal system for love and envy: A reply to Tops. Biol Psychiatry 2010; 67: e7.
18. Shamay-Tsoory SG, Fischer M, Dvash J, Harari H, Perach-Bloom N, Levkovitz Y. Intranasal administration of oxytocin increases envy and schadenfreude (gloating). Biol Psychiatry 2009; 66: 864–70.
19. Spitzer M. Es sind die Hormone! Spielen sie mit uns oder wir mit ihnen? In: Vom Sinn des Lebens. Stuttgart: Schattauer 2007; 102–8.
20. Tobin VA, Hashimoto H, Wacker, Takayanagi, Langnaese K, Caquineau C, Noack J, Landgraf R, Onaka T, Leng G, Meddle SL, Engelmann M, Ludwig M. An intrinsic vasopressin system in the olfactory bulb is involved in social recognition. Nature (published online 24.2.2010); doi: 10.1038/nature08826.

21. Topps M. Oxytocin: Envy or engagement in others? Biol Psychiatry 2010; 67: e5–e6.
22. Ukkola LT, Onkamo P, Raijas P, Karma K, Järvelä I. Musical Aptitude Is Associated with AVPR1A-Haplotypes. PLoS ONE 2009; 4(5): e5534. doi:10.1371/journal.pone.0005534.
23. Walum H, Westberg L, Henningsson S, Neiderhise JM, Reiss D, Igl W, Ganiban JM, Spotts EL, Pedersen NL, Eriksson E, Paul Lichtenstein P. Genetic variation in the vasopressin receptor 1a gene (AVPR1A) associates with pair-bonding behavior in humans. PNAS 2008; 105: 14154–6.
24. Winston JS, Strange BA, O'Doherty J, Dolan RJ. Automatic and intentional brain responses during evaluation of trustworthiness of faces. Nat Neurosci 2002; 5: 277–83.
25. Young LJ, Nilsen R, Waymire KG, MacGregor GR, Insel TR. Increased affiliative response to vasopressin in mice expressing the V1a receptor from a monogamous vole. Nature 1999; 400: 766–8.
26. Zak PJ, Stanton AA, Ahmadi S. Oxytocin increases generosity in humans. PLoS ONE 2007; 2(11): e1128. doi:10.1371/journal.pone.0001128.
27. Fischer-Shofty M et al. The effect of intranasal administration of oxytocin on fear recognition. Neuropsychologia 2010; 48(1): 179–84.
28. Andari E et al. Promoting social behavior with oxytocin in high-functioning autism spectrum disorders. PNAS 2010; doi: 10.1073/pnas.0910249107.
29. Ophir AD et al. Variation in neural V1aR predicts sexual fidelity and space use among male prairie voles in semi-natural settings. PNAS 2008; 105: 1249–54.

5 Fairness und Testosteron

Das männliche Geschlechtshormon Testosteron besitzt zweifellos einen Einfluss auf das Sozialverhalten, insbesondere auf Aggressivität und Dominanz. Wegen Mordes, bewaffneten Raubüberfalls oder Vergewaltigung verurteilte Gefängnisinsassen weisen einen höheren Testosteronspiegel im Speichel auf als Gefängnisinsassen, die wegen Diebstahls oder Drogenmissbrauchs verurteilt wurden (2). Man könnte also erwarten, dass die Verabreichung von Testosteron zu einer Erhöhung aggressiver und damit unfairer Verhaltensweisen in ökonomischen Spielsituationen führt, bei denen man sich mehr oder weniger fair verhalten kann. Um dies zu untersuchen, führten Eisenegger und Mitarbeiter (3) eine placebokontrollierte Doppelblindstudie zum Effekt von 0,5 mg Testosteron (sublingual gegeben) auf das Verhalten im Ultimatumspiel (4) durch. An der Studie nahmen jedoch keine Männer, sondern 121 gesunde Frauen im Durchschnittsalter von 25 Jahren teil, die keine hormonellen Kontrazeptiva verwandten und sich zum Zeitpunkt des Experiments in der frühen Follikelphase befanden, die mit niedrigen endogenen Sexualhormonspiegeln einhergeht.

Jeweils zwei Spielerinnen spielten dieses Spiel über einen Computer (um Anonymität zu bewahren), wobei Spielerin Nummer 1 zehn Schweizer Franken erhielt, die sie mit Spielerin Nummer 2 teilen musste und die Art der Aufteilung bestimmen konnte (sie konnte null, zwei, drei oder fünf Franken abgeben). Spielerin Nummer 2 konnte dieses Angebot annehmen oder nicht.

Im ersten Fall bekamen beide Spielerinnen das Geld so wie von Spielerin 1 vorgeschlagen. Im zweiten Fall bekam niemand etwas. 60 Frauen hatten die Rolle von Spielerin 1 inne, und alle wurden zudem noch gefragt, ob sie den Eindruck hatten, Placebo oder Testosteron erhalten zu haben. Dieser Eindruck erwies sich als unabhängig davon, ob sie tatsächlich Placebo oder das Hormon erhalten hatten.

Weil Testosteron bekannterweise aggressiver macht, könnte man nun vermuten, dass die Frauen, die Testosteron erhalten hatten, eher zu unfairen Angeboten neigten. Genau das Gegenteil war jedoch der Fall (Abb. 5-1). Testosteron steigerte den Grad der Fairness der Angebote im Durchschnitt um eine halbe Münze. Keinen Effekt hatte die Experimental-Bedingung (Testosteron versus Placebo) auf die Rate der abgelehnten Angebote, und ebenso fanden sich keine weiteren Effekte der vorbestehenden Testosteronkonzentration, der gemessenen Glukokortikoidkonzentration

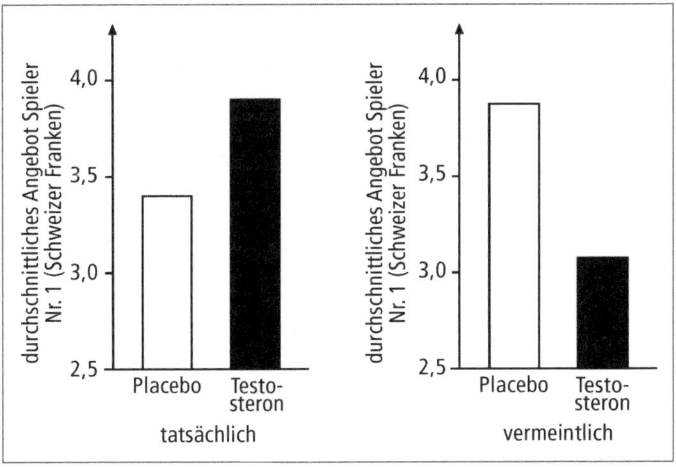

Abb. 5-1 Mittleres Angebot von Spielerin 1 im Ultimatumspiel (n = 60), aufgeteilt danach, ob die Probandinnen tatsächlich Placebo oder Testosteron erhalten hatten (links) oder ob sie glaubten, Placebo oder Testosteron erhalten zu haben (rechts). Der Unterschied links war mit p = 0,031 signifikant, der rechts mit p = 0,006 hoch signifikant (nach Daten aus 3).

und zusätzlich gemessener psychologischer Variablen wie Aggressivität, Dominanz, Angst, Stimmung oder Wachheit.

Die Autoren interpretieren ihr Ergebnis dahingehend, dass Testosteron bei Frauen nicht die Aggressivität steigert, sondern ihr Bedürfnis nach sicherem hohem sozialem Status. Durch ein faires Angebot verhindern die Frauen die Ablehnung ihres Angebots und damit einen sozialen Affront. Da höhere Angebote tatsächlich mit einer hoch signifikanten und numerisch großen Erhöhung der Akzeptanzrate der Angebote verknüpft sind, erscheint diese Erklärung plausibel. Testosteron machte die Frauen nicht altruistischer (dann hätten sich die Ablehnungsraten unter Testosteron verringert) und änderte auch sonst andere psychologische Variablen nicht wesentlich.

Interessant ist noch die Beobachtung, dass Frauen, die glaubten Testosteron eingenommen zu haben, unabhängig von der Tatsache, ob sie tatsächlich Testosteron erhalten hatten oder Placebo, sich unfairer verhielten. Dieser Effekt war numerisch größer als der Testosteroneffekt und betrug fast eine ganze Münze. Mit anderen Worten: Wer glaubt, unter dem Einfluss von Testosteron zu stehen, verhält sich unfairer in sozialen Situationen und entspricht damit dem Vorurteil, dass Testosteron aggressiv (und damit unfair) macht.

Tatsächlich scheint es, zumindest bei Frauen, eher so zu sein, dass Testosteron das Bedürfnis nach bzw. die Wertschätzung von hohem sozialem Status steigert und damit Verhaltensweisen fördert, die das Risiko sozialer Ablehnung vermindern. Zugleich ergibt sich ein psychologischer Effekt, der auf dem (vermeintlichen) Wissen um die psychologischen Auswirkungen von Testosteron beruht und der zu einer vermehrten Unfairness führt. Einer der Autoren, der Ökonom Michael Naev, wird im *Deutschen Ärzteblatt* (1) dahingehend zitiert, dass diese Studie zeige, dass man „biologische“ Erklärungen für Verhaltensweisen mit

Vorsicht genießen sollte, zumal „in einer Gesellschaft, in der immer mehr Eigenschaften und Verhaltensweisen auf biologische Ursachen zurückgeführt und damit legitimiert würden".

Diese Auffassung ist gleich aus mehreren Gründen nicht unproblematisch. Erstens wurde die Untersuchung (aus einem fadenscheinigen Grund: die pharmakodynamischen Effekte von Testosteron seien bei Frauen besser untersucht) bei Frauen durchgeführt, obgleich es um das klassische männliche Geschlechtshormon ging. Vor irgendeiner Schlussfolgerung würde ich gerne die Ergebnisse einer entsprechenden Studie bei Männern wissen. (Vielleicht wurde sie gemacht und es kam nichts heraus?)

Zweitens haben auch psychologische Effekte einen biologischen Mechanismus. Das 15-minütige Spielen mit einer Pistole führt zum Anstieg der Testosteronkonzentration im Blut, das heißt, die Kausalität kann auch in umgekehrter Richtung verlaufen (5). Beides gegeneinander auszuspielen ist nicht sinnvoll. Drittens ist es ein Fehler, wenn man vom biologischen Sein ein ethisches Sollen ableitet. „Legitimiert" wird also durch die Messung von Testosteronkonzentrationen gar nichts.

Dennoch ist diese Studie interessant, weil sie einmal mehr die Differenziertheit unseres endokrinen Systems demonstriert. Hormone kennen wir schon lange. Aber erst die moderne Neurobiologie und -psychologie zeigen, wie interessant sie sein können (s. auch Kap. 4, Hormone zur Hochzeit, S. 32ff.).

Literatur

1. Anonymus. www.aerzteblatt.de/nachrichten/39282/Studie_Testosteron_als_Fairness-Hormon.htm 2009.
2. Dabbs JM, Carr TS, Frady RL, Riad JK. Testosterone, crime, and misbehavior among 692 male prison-inmates. Pers Individ Dif 1995; 18: 627–33.
3. Eisenegger C, Naef M, Snozzi R, Heinrichs M, Fehr E. Prejudice and truth about the effect of testosterone on human bargaining behaviour. Nature 2010; 463: 356–9.
4. Spitzer M. Neuroökonomie. Nervenheilkunde 2003; 22: 324–7.
5. Spitzer M. Es sind die Hormone! Spielen sie mit uns, oder wir mit ihnen? In: Vom Sinn des Lebens. Stuttgart: Schattauer 2007; 102–8.

6 Computer in der Schule

The Good, the Bad, and the Ugly

Computer verarbeiten Informationen. Denkende und vor allem lernende Menschen auch. Daraus allein scheint für viele zwangsläufig zu folgen, dass Computer ideale Werkzeuge sein müssten, um dem Menschen das Lernen zu erleichtern. Und weil Lernen in der Schule stattfindet, seien Schulen flächendeckend mit Computern auszustatten. – So etwa muss die Logik gewesen sein, nach der man vor geraumer Zeit bereits Schulen mit PCs ausgestattet hat, ohne dass zunächst klar war, *wer* damit eigentlich *was* macht. Computerhardware tut nur das, was die auf ihr laufende Software angibt, und gute Lern- oder gar Bildungssoftware gab es damals schlicht und einfach nicht (Abb. 6-1).

Dies erklärt zweierlei in der Folge stattgehabte Entwicklungen. Zum einen gab man den Forderungen der Arbeitgeber nach, dass junge Auszubildende den Umgang mit Anwendersoftware in der Schule lernen müssten, sodass dies nicht mehr im Rahmen der Lehre zu erfolgen habe. Und so wurde aus den Schwächen der Produkte der weltgrößten Softwarefirma das Schulfach Informationstechnik (IT). Gestrichen wurde dafür oftmals Unterricht in vermeintlich unwichtigen Fächern wie Kunst, Musik und Sport.

Zum zweiten wussten manche Schüler mit Computern durchaus schon etwas Interessantes anzufangen: Ballern. Und weil das alleine langweilig ist, wurden sogenannte LAN-Partys organisiert. Man traf sich am Freitagnachmittag in der Schule, vernetzte die Computer (baute ein *local area network – LAN* – auf) und verwendete die auf Staatskosten angeschaffte Rechenleistung zu kollektiven Gewaltspielen, die bis zum Montagmorgen dauerten. Die Hersteller entsprechender Kollektiv-Tötungstrainingssoftware (7) argumentieren bis heute, dass die Jugendlichen

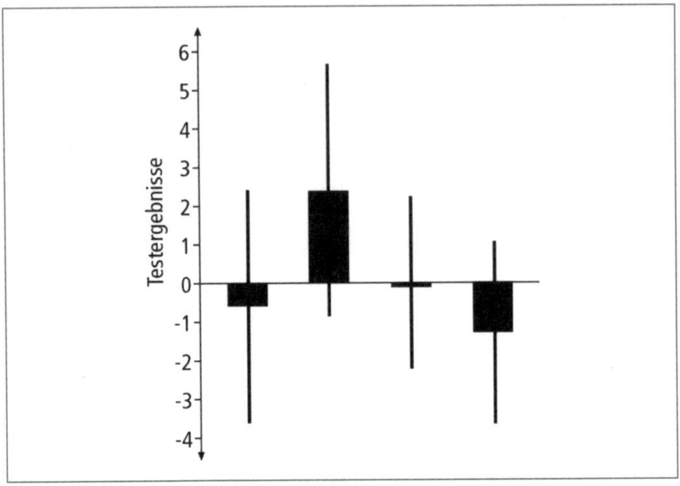

Abb. 6-1 Ergebnisse einer Studie zu Mathematik-Lernsoftware des US-amerikanischen Bildungsministeriums (2, 4). Dargestellt sind die Effekte – Mittelwerte (Säulen) und Konfidenzintervalle (schmale Balken) von vier Softwarepaketen auf die Testergebnisse in Mathematik. Die schmalen Balken kreuzen jeweils die Nulllinie, was bedeutet, dass die Effekte in keinem Fall signifikant waren. Rein numerisch führten drei von vier Softwareprodukten zu einer Verschlechterung der Schulleistungen.

hierdurch soziale Kompetenz einüben würden, weshalb man sie in diesen Bemühungen unterstützen müsste (9). Die Kultusministerien vieler Länder sahen das anders und erließen – nicht zuletzt auf Druck mancher besorgter Eltern – mit einigen Jahren Verspätung Verbote solcher LAN-Partys an Schulen. Dennoch dürften sie zu dem Hässlichsten gehört haben, was bis heute mit Computern an Schulen angestellt wurde.

Das Fach IT war dagegen schon viel besser: nicht hässlich, sondern einfach nur schlecht. Denn wir wissen alle, dass sich Anwendersoftware sehr rasch ändert. Wer sie heute bedienen kann, kann dies in fünf Jahren nicht automatisch immer noch. Arbeitgeber wünschen sich jedoch Arbeitnehmer (und Arbeitnehmer wollen dies für sich selbst ebenfalls), die auch in 25 Jahren noch up-to-date sind. Hierzu brauchen diese genau nicht ein Training in Details heutiger Software, sondern eine persönlichkeitsbildende Grundbildung, die Offenheit, Mut, Neugier, Selbstkontrolle, Team- und Kritikfähigkeit sowie ein kleines Quäntchen Optimismus mindestens umfasst (10). Dies alles lernt man im Sport, in der Musik und in der Kunst sowie beispielsweise beim Theaterspielen, von dem Hartmut von Hentig gesagt hat, dass es neben den Naturwissenschaften das einzig notwendige Schulfach sei. Durch Klicken auf die richtige Maustaste bilden sich keine Persönlichkeiten! Durch eine Aufführung schon eher (was jeder weiß, der Kindern schon einmal beim Theaterspielen zugeschaut hat und was man mittlerweile sogar neurobiologisch untermauern kann; 11).

Gewiss, Referate werden jetzt mit Powerpoint gehalten, was jedoch deren Qualität nicht verbessert hat. Man hat damit (vor allem den männlichen) Schülern das Lesen von Büchern gänzlich abgewöhnt, konkurrieren sie doch heute darum, wer mit dem geringsten Aufwand und vor allem: ohne irgendetwas wirklich zu wissen, die beste Note im Referat bekommt. *Google* macht es möglich! Hierzu passt, was Londoner Bibliothekare kürzlich über das Suchverhalten von Nutzern ihres Onlinekataloges in Abhängigkeit von deren Alter herausgefunden haben. Normalerweise sucht man, indem man sich zwischen Quellen vor- und zurückbewegt (man also eine Spur verfolgt, sie aber wieder aufgibt, bei einer guten Quelle erneut startet, und sich auf diese Weise immer besser im Urwald des Wissens zurechtfinden lernt). Junge Menschen durchlaufen jedoch diesen hermeneutischen Zirkel des Verstehens nicht mehr, sondern klicken nur ein paar Male oberflächlich hie und da etwas an und hören dann mit ihrer Suche wieder auf.

Nachdem nun das Hässliche und Schlechte in der gebotenen Kürze abgehakt ist (wer es länger mag, vgl. 6), möchte ich den Hauptteil meiner Überlegungen dem Guten widmen, das mit Computern möglich wäre, wenn man sich Mühe gäbe.

Vorweg das Folgende:

- Für praktisch jedes Schulfach gibt es mittlerweile gute Elemente im weltumspannenden Datennetz. Diese sind jedoch nicht nur oft mühsam zu finden, sie bilden auch bei Weitem nicht das gesamte Wissen eines Faches ab. Völlig vergeblich sucht man systematische didaktische Aufbereitungen, die auf einer durchgängigen und klaren Methodik aufbauen. Ein systematischer Wissensaufbau ist daher mit diesen Einzelelementen nicht möglich.
- Auch im organisatorischen Bereich kann das Internet an Schulen bereits heute hilfreich sein: Steht der Stundenausfallplan des Tages morgens ab 7 Uhr online, brauchen Schüler, deren erste Stunde ausfällt, nicht umsonst in die Schule fahren. Und als in Frankreich die Schulen wegen Schweinegrippe geschlossen waren, lernten die Schüler online.

Im Ulmer *Transferzentrum für Neurowissenschaften und Lernen (ZNL)* arbeiten wir seit Jahren an der Entwicklung von Diagnose- und Trainingssoftware für Kinder mit Entwicklungs- bzw. Lernstörungen wie beispielsweise Lese-Rechtschreibstörungen, Aufmerksamkeitsstörungen oder Rechenstörungen. Es geht uns dabei *nicht* um Edutainment, also um Unterhaltung, die nebenher noch irgendeinen Inhalt „unterjubeln“ soll, sondern um die kindgerechte Aufarbeitung von Tests und Trainingsalgorithmen. Die Programmierung einer netzbasierten Software, die so einfach zu benutzen ist wie *Facebook*, *Amazon* oder *Google*, ist jedoch alles andere als trivial, muss gut geplant und strukturiert werden und bedarf vor allem erheblicher Ressourcen. Mit zwei oder drei Mitarbeitern, und seien sie noch so gut und motiviert, erreicht man praktisch gar nichts. Dies mussten auch wir nach einigen Jahren feststellen, weil man mit drei Leuten auch nicht einen Wolkenkratzer bauen oder zum Mond fahren kann. Die Entwicklung einer komplexen Software ist jedoch mit den genannten Großprojekten durchaus vergleichbar. Es war naiv anzunehmen, man könne eine Herkulesaufgabe mit minimalen Ressourcen bewältigen!

Dies mag der Grund sein, weswegen es bis heute kaum gute Lernsoftware für die Schule gibt: die öffentliche Hand finanziert Projekte, aber nicht intensiv genug; die Schulbuchverlage wissen, dass Lehrbücher langfristig durch Lernprogramme, wenn nicht ersetzt, so doch mit Sicherheit ganz wesentlich ergänzt werden dürften. Dennoch scheuen sie bislang die hohen Kosten entsprechender Entwicklungen. Es gibt daher von dieser Seite bislang kaum mehr als „verkaufsfördernde Applikationen“, wie beispielsweise die Bestimmung des Wissensstandes eines Schülers per Onlinetest (ohne Lerneffekt) und anschließend die Empfehlung für Begleitmaterial zum Schulbuch. Gute Software könnte jedoch wesentlich mehr!

So ist zu erklären, dass an den meisten Schulen mittlerweile die zweite oder dritte Generation von Computerhardware herumsteht, ohne dass mit dieser das schulische Lernen wirklich durchgreifend verändert, geschweige denn verbessert worden wäre. Richtig Geld in neue Medien investiert haben bislang im Grunde nur die Entwickler der bereits erwähnten Tötungstrainingssoftware (also Firmen wie *Electronic Arts*) sowie der *Disney*-Konzern, der seit dem Jahr 2003 *Baby Einstein* DVDs vertreibt, die der Sprachentwicklung von Säuglingen dienen sollen. Nachdem jedoch nachgewiesen wurde, dass diese Software der Sprachentwicklung kleiner Kinder nicht nur nichts nützt, sondern vielmehr deutlich schadet (vgl. 8), begann der Konzern im Oktober 2009 damit, die DVDs bei voller Kostenerstattung von den Kunden zurückzunehmen (3). Dies tat man keineswegs aus Freundlichkeit, sondern weil man davor Angst hat, empörte Kunden könnten mehr wollen, als nur ihr Geld zurück für die nutzlose DVD. Der ganze Vorgang zeigt, wie wenig das pädagogische Bemühen der Beteiligten bislang das Lernen der Kinder wirklich im Blick hatte, ging es doch bislang eigentlich nur um das Verkaufen von Hardware von bestenfalls für schulische Zwecke weitgehend ungeeigneter und schlimmstenfalls direkt schädlicher Software.

Wie konnte dies alles geschehen? – Kommt in der Medizin ein Medikament auf den Markt, hat es einen langen Prozess der Testung durchlaufen. Man kennt seine Wirkungen und Nebenwirkungen und man wägt die Risiken ab. Undenkbar wäre es, würde man eine neu entwickelte Substanz einfach in einem Bundesland dem Trinkwasser beimischen, weil ein Minister Gesundheit für wichtig hält und ihm (oder seinen Beratern) dieses Medikament irgendwie zusagt. Zehn Jahre später zählt in diesem Bundesland dann irgendjemand zufällig einmal die Toten und stellt fest, dass deren Zahl jetzt deutlich zugenommen hat. Die Sache wird untersucht, schuld ist das neue Medikament und so wird es auf ministerielle Anordnung wieder aus dem Trinkwasser entfernt ... Undenkbar? – Im medizinischen System ja, im pädagogischen System nicht. Dort ist dieses Vorgehen der ganz normale Alltag, wie die Einführung und die „Ausführung“ nach einem Jahrzehnt oder länger der Ganzheitsmethode des Lesens oder der Mengenlehre in der Mathematik der ersten Klasse zeigt: In keinem Fall wurden erst einmal im Rahmen wissenschaftlicher Studien die Wirkungen und Nebenwirkungen der neuen Methode an einigen Schulen getestet, um sie dann entweder mit gutem Gewissen (und ohne Widerstand! – Wer ist schon gegen wirklichen Fortschritt?) einzuführen oder nicht.

Und so wird weiter in Schulen und Universitäten eingeführt: das achtjährige Gymnasium (G8), der Bologna-Prozess, der Computer oder zuletzt die Smartboards (statt Tafeln), ohne dass es zu diesen Neuerungen mehr gibt als politische Meinungen (Abb. 6-2). Wie Kinder lernen ist aber keine Frage der Parteizugehörigkeit der Landesregie-

Abb. 6-2 In den mathematischen Instituten von Deutschlands Universitäten gibt es sehr viele Tafeln (Fotos: Thomas Spitzer, Student am Mathematischen Institut der Universität Regensburg). In der Mathematik „denkt" man mit Kreide und Tafel bzw. Bleistift und Papier. Das geht viel schneller, hat eine haptische Komponente, ist einfach zu bedienen, verbraucht keinen Strom und die Investitionskosten halten sich in Grenzen, von den Kosten für Wartung und Pflege einmal gar nicht zu reden. Wenn Tafeln aber dort, wo das Denken in seiner klarsten und komplexesten Form gelehrt wird, die besten Werkzeuge sind, sind sie es in Schulen dann nicht auch? Wer das Gegenteil behauptet und Millionen öffentliches Geld ausgibt, trägt die Beweislast!

rung, auch wenn die „Kulturhoheit der Länder" dies nahezulegen scheint. Wie Kinder am besten lernen ist vielmehr eine Frage, die mit empirischer Forschung zu lösen ist, mittlerweile unterstützt durch die Grundlagenwissenschaft der Gehirnforschung.

Ich möchte nicht falsch verstanden werden: Man kann durchaus darüber diskutieren, ob in allen Bundesländern in der Musikerziehung das Jodeln Pflicht sein sollte oder nicht. Oder ob die erste Fremdsprache im äußersten Westen der Republik nicht besser das Französische (und nicht das Englische) wäre. Bei manchen *Inhalten* kann man sich also länderweise durchaus unterscheiden. Wie aber das Lernen von Kindern am besten gelingt, dies sei nochmals sehr deutlich gesagt, ist genauso wenig eine Frage von Schwarz/Gelb oder Rot/Grün, wie die Frage nach der richtigen Behandlung eines entzündeten Blinddarms. Stellen Sie sich vor, Sie überlebten einen akuten Blinddarm in Bayern mit der doppelten Wahrscheinlichkeit wie in Bremen. Auf Nachfrage rechtfertigen die Bremer ihr Vorgehen damit, dass in den dortigen OPs mehr gelacht werde ...

Zurück zu dem, was Computer können könnten: Sie sind langmütiger als jeder Vater und jede Mutter und eignen sich daher besser zum Abhören von Vokabeln. Sie können sich auf die Stärken und Schwächen und vor allem auf das Wissen und die Wissenslücken der Schüler einstellen. Und sie können dem Lehrer viel Zeit sparen, indem sie ihm Routineaufgaben abnehmen und ihm somit helfen, sich auf sein Kerngeschäft, das individuelle Lernen jedes einzelnen Schülers, wirklich zu konzentrieren.

Wer glaubt, dies alles sei – abgesehen vom Vokabeltrainer – noch Zukunftsmusik, der irrt. Seit einigen Monaten wird am ZNL ein Lernprogramm für Mathematik untersucht, das gleich in mehrfacher Hinsicht in der Medienlandschaft einmalig ist (1). Es individualisiert das Lernen, gibt detaillierte Rückmeldung über die Schwächen und

Stärken des Schülers, lässt den Schüler seine Ziele selbst festlegen, macht guten Schülern eigenständig Vorschläge für weiterführende Studien, erlaubt dem Lehrer das Anlegen seiner Klassen in der Software, sodass er Hausaufgaben aufgeben und Arbeiten schreiben kann: die Korrektur erledigt der Computer – sodass der Lehrer von Routinearbeit sehr stark entlastet wird und Zeit hat für seine eigentliche Aufgabe: guten Unterricht! Das alles ist ohne jeden Schnickschnack programmiert, klar und übersichtlich, und so einfach zu bedienen wie jede Software, die in der jüngeren Vergangenheit erfolgreich war.

Die Firma hat bereits sehr viel Zeit und Geld in die Sache investiert. Anstatt nun jedoch nach Disney-Manier die Sache auf den Markt zu werfen und das Blaue vom Himmel zu versprechen, lässt sie mit wissenschaftlichen Methoden prüfen, ob und wie gut das Ganze überhaupt funktioniert. – Ein Risiko, das jedes forschende Pharmaunternehmen immer wieder trägt und aushalten muss, das jedoch im Bildungsbereich bislang niemand eingeht. Umgekehrt jedoch würde ein positives Ergebnis endlich einmal Schluss machen mit dem in der Pädagogik weit verbreiteten Phänomen, dass immer alles gilt, auch das Gegenteil, und dass deswegen jeder (einschließlich der Bildungspolitik) ohne gute Gründe handelt. Dass dies wiederum bei den „Abnehmern“ von Bildungspolitik, den Schülern und deren Eltern, zu viel Unmut führt, kann gar nicht anders sein. Willkür mögen mündige Bürger nicht!

Nehmen wir einmal an, unsere Studien zeigten tatsächlich, dass das Lernprogramm von den Beteiligten gut akzeptiert wird, die Angst vor Mathematik nimmt und individuelles Lernen fördert. Plötzlich wird Mathematik für viele Schüler zu einem einfachen Fach. Unmöglich? – Ich glaube nicht! Betrachten wir eine Studie zu den Auswirkungen negativer Selbstkonzepte auf die mathematische Kompetenz. Diese entwickeln sich in der Mathematik nur allzu rasch, wie erstens jeder weiß, der schon einmal an der Tafel versagt hat und zweitens die Forschung zur Angst vor der Mathematik deutlich gezeigt hat (5). Wenn man *glaubt*, dass man schlecht in Mathematik ist, dann *ist* man tatsächlich schlecht (10). Ist diese negative Spirale aus negativem Selbstbild, Versagensangst, geringer Motivation und geringer tatsächlicher Leistung erst einmal in Gang, hat der Betreffende kaum noch die Möglichkeit, den Kreislauf zu durchbrechen.

Genau an diesem Punkt kann gute Mathematik-Lernsoftware einsetzen. Ohne Zuschauer kann der Schüler sich dem Problem, das er noch nicht verstanden hat, angstfrei nähern, bekommt Hilfestellungen, wird aufgefordert, Lücken im Vorwissen aufzufüllen, erhält auf ihn zugeschnittene Aufgaben, kann den Schwierigkeitsgrad selbst wählen – kurz: Er kann Mathematik auf eine Weise lernen, die Ängste gar nicht erst aufkommen lässt und seinen individuellen Bedürfnissen entspricht.

Es ist nicht zu erwarten, dass die erste Version der Lernsoftware bereits fehlerfrei arbeitet und alle Nutzer zufrieden stellt. Aber dies ist bei keiner Software der Fall. Wichtig ist, dass eine kritische Masse von Programmierern und Nutzern vorhanden ist, dass die Sache eine Eigendynamik bekommt. Dies bedarf gerade in der heutigen Zeit einer erheblichen initialen Kraftanstrengung; sie sollte sich jedoch lohnen, denn eine gute Mathematik-Lernsoftware (1) fehlt in Deutschland, (2) nicht nur in Deutschland, (3) ist von allen Fächern am ehesten zu internationalisieren, und (4) könnte die Grundlage weiterer entsprechender Entwicklungen in anderen Fächern werden.

Es geht also um nichts weniger als um eine kleine Revolution im Bereich des computergestützten Unterrichts, der einen miserablen Start hatte. Übereifer, Profitgier, überzogene Erwartungen und Betriebsblindheit für Risiken und Nebenwirkungen haben schon vor einigen Jahren für das

Versagen von *e-learning* gesorgt. Jetzt habe man etwas besseres, sagen die Vertreter der Community, und sprechen von *blended learning*. *To blend* heißt auf Deutsch „mischen“ und neu hineingemischt ins Lernen wird – *der Lehrer*! Nur dann, so die neue (alte) Einsicht, wenn ein Mensch einem anderen Menschen das Problem zunächst erklärt, zwischendurch auf Lernfortschritt achtet und entsprechend belohnt sowie am Ende nochmals die Dinge durchspricht, gelingt Lernen wirklich. Der Computer *alleine* leistet das nicht. Aber er kann einen guten Lehrer ganz enorm unterstützen und dafür sorgen, dass es zu mehr Lernen und weniger Frust kommt. So steigt die Effizienz des Unterrichts, ohne dass Lehrer oder Schüler mehr einsetzen müssen.

Computer haben durchaus das Zeug dazu, den Unterricht an unseren Schulen zu verbessern. Dass ihr Einsatz eher mit dem Hässlichen begann, sich zum Schlechten mauserte und erst in jüngster Zeit das Gute am Horizont aufscheinen lässt, kann man der Hardware nicht anlasten. Es kommt jetzt darauf an, dass man sie im Rahmen der für die kommenden Jahre geforderten Bildungsoffensive – erstmals – richtig einsetzt. Hierzu bedarf es guter Software. Deren Entwicklung, so scheint es, hat begonnen.

Literatur

1. www.bettermarks.com
2. Campuzano L, Dynarski M, Agodini R, Rall K, Pendleton A. Effectiveness of reading and mathematics software products. Findings from two student cohorts. International Center für Education Evaluation and Regional Assistance (NCEE), Institute of Educational Sciences (IES), US Department of Education 2009. http://ies.ed.gov/ncee.
3. Lewin T. No Einstein in Your Crib? Get a Refund. The New York Times (27.10.2009) http://www.nytimes.com/2009/10/24/education/24baby.html?_r=1&em.

4. Mervis J. Study questions value of school software for students. Science 2009; 323: 1277.
5. Spitzer M. Lernen. Heidelberg: Spektrum Akademischer Verlag 2002.
6. Spitzer M. Vorsicht Bildschirm. Stuttgart: Klett 2004.
7. Spitzer M. Milliarden für Tötungstrainingssoftware. In: Gott-Gen und Großmutterneuron. Stuttgart: Schattauer 2006; 90–3.
8. Spitzer M. Achtung: Baby-TV. In: Liebesbriefe & Einkaufszentren. Stuttgart: Schattauer 2008; 133–47.
9. Spitzer M. Gemütlich dumpf. In: Aufklärung 2.0. Stuttgart: Schattauer 2010; 156–63.
10. Spitzer M. Ja, ich kann! Selbstbild, Selbstbejahung und nachhaltige Leistungsfähigkeit. In: Aufklärung 2.0. Stuttgart: Schattauer 2010; 44–59.
11. Spitzer M. Kindertheater. Kreativität, Vorstellungen und Gehirnforschung. In: Aufklärung 2.0. Stuttgart: Schattauer 2010; 19–32.

7 Schenken Sie doch – schlechte Noten

und geringere Elternbindung

Spielekonsolen gehören zu den beliebtesten Geschenken für die lieben Kleinen – nicht nur zu Weihnachten. Es geht um einen Milliardenmarkt, weswegen man besser nicht nachfragt, was denn mit den Kindern geschieht, wenn sie dann tatsächlich spielen. Denn es hat sich zwar herumgesprochen (5), dass allzu viel virtuelle makabre Gewalt sich vielleicht auch in der realen Welt ungünstig auswirkt, aber das Drücken irgendwelcher Knöpfe auf elektronischen Bildchen-Bimmel-Kästchen könne doch nun wirklich nicht schaden. Und wer dabei nicht mitmacht, so das im Fernsehen schon oft gehörte Argument, der werde zum Außenseiter, verliere Sozialkontakte, insbesondere zu Gleichaltrigen und Freunden.

Wie schon mehrfach an dieser Stelle erwähnt, ist es zum Nachweis der Auswirkungen einer Maßnahme – egal, ob gut oder schlecht – notwendig, bestimmte Regeln des wissenschaftlichen Vorgehens einzuhalten, weil man ansonsten keine wirklichen, stichhaltigen Aussagen machen kann. Wer also wissen will, ob ein Medikament wirkt, ob Mengenlehre in der ersten Klasse zu besseren Mathematikkenntnissen führt oder ob die Benutzung von Spielekonsolen sich negativ auf die Schulleistungen auswirkt, der muss eine kontrollierte, randomisierte Studie durchführen (15, 16).

Man vermutete zwar schon, dass die häufige Benutzung von Videospielen zu schlechteren Schulleistungen führt; je mehr ein Schulkind in der Grundschule spielt, desto schlechter sind seine Schulleistungen (1), insbesondere dann, wenn es eine eigene Spielekonsole hat (10). Die einfachste Erklärung besteht darin, dass der Tag auch für junge Menschen nur 24 Stunden hat und die Zeit des

Videospielens z. B. für die Hausaufgaben nicht mehr zur Verfügung steht. Auch hierzu liegen entsprechende Studien vor (11, 18). Kinder, die Videospiele spielen, verbringen im Vergleich zu Kindern, die dies nicht tun, 30% weniger Zeit mit Lesen und 34% weniger Zeit mit Hausaufgaben (2).

Diese Studien sind in ihrer Summe zwar wichtig, haben jedoch alle den Nachteil, dass nur Korrelationen, also statistische Zusammenhänge, untersucht wurden, die nichts über Ursache und Wirkung aussagen. So ist es aufgrund dieser Studien zwar plausibel, dass Videospiele zu schlechten Schulleistungen führen. Es könnte jedoch auch sein, dass Schüler mit schlechten Schulleistungen zur Spielekonsole greifen, um sich abzulenken oder die Schule (und ihr Versagen) ganz einfach zu vergessen. Nicht die Videospiele machen die schlechten Schulleistungen, sondern die schlechten Schulleistungen führen zum Videospielen, so lautet das Argument.

Es ist daher von großer Bedeutung, dass kürzlich die weltweit erste experimentelle kontrollierte, randomisierte Studie zu den Auswirkungen von Videospielen bei Jungen im Grundschulalter publiziert wurde (19). Die Autoren identifizierten zunächst mittels einer Zeitungsannonce 64 männliche Schüler der Klassen 1 (33%), 2 (44%) und 3 (23%) einer Grundschule im Alter von sechs bis neun Jahren, die noch keine Spielekonsole besaßen, deren Eltern sich jedoch mit dem Gedanken trugen, eine solche für ihr Kind zu erwerben. Mädchen wurden nicht untersucht, da sie insgesamt weniger Zeit mit Videospielen verbringen (4, 9), weniger dazu neigen, Gewaltspiele zu spielen (6) und nur etwa halb so oft wie Jungen ihre Hausaufgaben wegen der Spiele vernachlässigen (4). Das Problem sind also die Jungen, und darum wurden auch nur diese in die Studie aufgenommen.

Man sagte den Eltern, dass ihr Junge für die Teilnahme an einer Studie zur kindlichen Entwicklung eine *Sony Playstation II* (mitsamt drei für Kinder dieses Alters zugelassenen Spielen) geschenkt bekommen würde. Um Effekte bereits vorhandener Verhaltensauffälligkeiten oder Schulprobleme auszuschließen, wurden alle Schüler vor ihrer Teilnahme daraufhin untersucht. Das Ganze geschah relativ zu Beginn des neuen Schuljahrs im Herbst. Dann wurden die Kinder im Hinblick auf Intelligenz, Schulleistungen und Sozialverhalten untersucht bzw. getestet und danach per Zufall in zwei Gruppen geteilt: Die einen bekamen ihre Playstation sofort, wohingegen die anderen vier Monate warten mussten und dann die Spielkonsole als Geschenk erhielten. Zu diesem Zeitpunkt, im Winter und nach vier Monaten Schule, wurden alle Kinder nochmals untersucht. Zudem mussten die Eltern sowie die beteiligten Lehrer zu beiden Untersuchungszeitpunkten Fragebögen zum Verhalten der Kinder in der Schule und zu Hause ausfüllen.

Alle Jungen, die eine Konsole erhalten hatten, spielten vier Monate später noch damit (etwa 40 Minuten täglich) und die meisten (90%) hatten zusätzliche Spiele erworben, mehr als die Hälfte hatte mindestens ein zusätzliches Spiel, das für ihr Alter noch nicht vorgesehen war, auf der Konsole. Von den Jungen der Kontrollgruppe hatte keiner bereits eine Konsole anderweitig erworben, und sie verbrachten weniger als zehn Minuten täglich mit Videospielen, z. B. bei Freunden. Bei der mit Hausaufgaben verbrachten Zeit war es umgekehrt: Diese lag in der Kontrollgruppe bei knapp 32 Minuten, in der Playstationgruppe dagegen bei nur etwa 18 Minuten und war damit signifikant ($p = 0{,}004$) geringer. Das geringere Interesse an der Schule wirkte sich auf die Leistungen im Lesen und Schreiben aus: Die Kinder mit Playstation waren in beiden Bereichen signifikant schlechter (Abb. 7-1 und 7-2). In Anbetracht

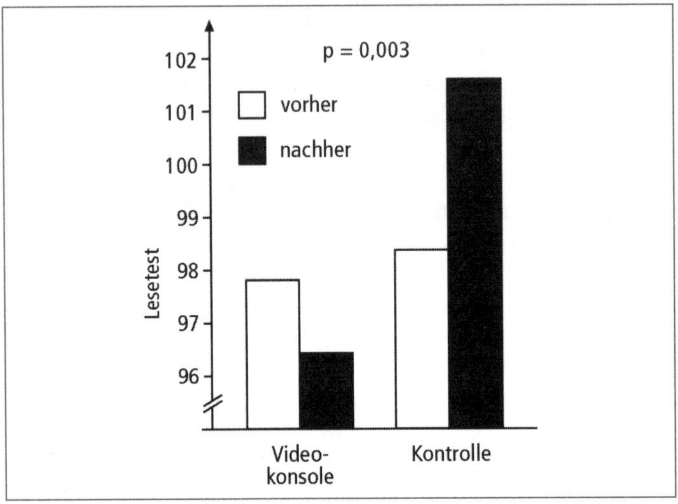

Abb. 7-1 Leistungen der Schüler im Lesetest, jeweils zu Beginn der Studie (weiße Säulen) und nach vier Monaten (schwarze Säulen). Zu erwarten ist eine Zunahme, da während des Schuljahrs das Lesen in allen Klassenstufen geübt wird. Dies war in der Kontrollgruppe (die Kinder erhielten die Konsole erst zum Ende der Studie) auch der Fall; in der Gruppe der Kinder, die ihre Spielkonsole gleich zu Beginn der Studie erhalten hatten, kam es jedoch nicht zu einer Zunahme der Leistungen im Lesen (der Unterschied ist mit p = 0,003 signifikant; nach Daten aus 19, Tab. 2).

dieser Befunde wundert es nicht, dass die befragten Lehrer bei den Kindern mit Videospielkonsole über signifikant mehr Schulprobleme berichteten (Abb. 7-3, S. 66), bei denen es sich weiteren Analysen zufolge vor allem um Lernprobleme handelte.

Keine negativen Auswirkungen (aber auch keine positiven!) zeigte das Geschenk einer Videospielekonsole auf die schulischen Leistungen in Mathematik. Warum? – Die ein-

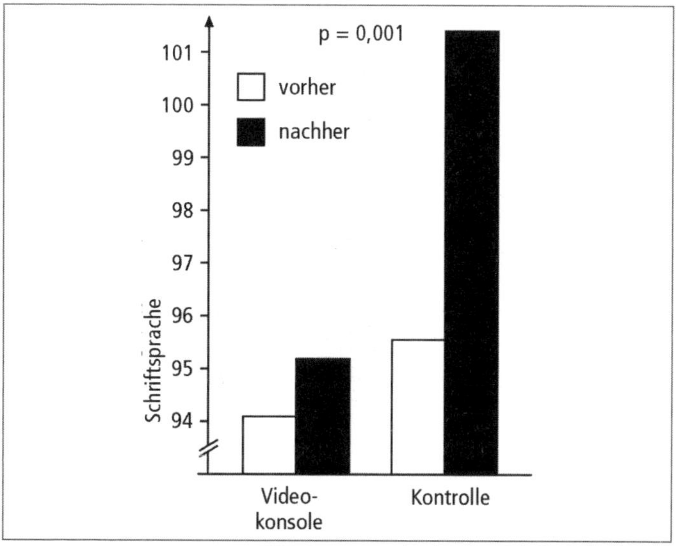

Abb. 7-2 Leistungen der Schüler in einem Test zur Schriftsprache, jeweils zu Beginn der Studie (weiße Säulen) und nach vier Monaten (schwarze Säulen). Die zu erwartende Zunahme durch das Üben während des Schuljahrs in allen Klassenstufen war in der Kontrollgruppe (die Kinder erhielten die Konsole erst zum Ende der Studie) deutlich, in der Gruppe der Kinder mit Videospielekonsole hingegen nur schwach (der Unterschied ist mit p = 0,001 signifikant; nach Daten aus 19, Tab. 2).

fachste Erklärung besteht darin, dass Schüler der Grundschule sich in ihrer Freizeit ohnehin praktisch nicht mit Mathematik beschäftigen, es also nichts durch die Videospiele zu verdrängen gibt. Man liest durchaus gelegentlich in der Freizeit. Und Lesen lernt man durch Lesen. Wird dieses Lesen dann durch Videospiele zeitlich eingeschränkt, dann folgen schlechtere Leistungen. Beim Lesen gibt es also etwas zu verdrängen, bei der Mathematik nicht.

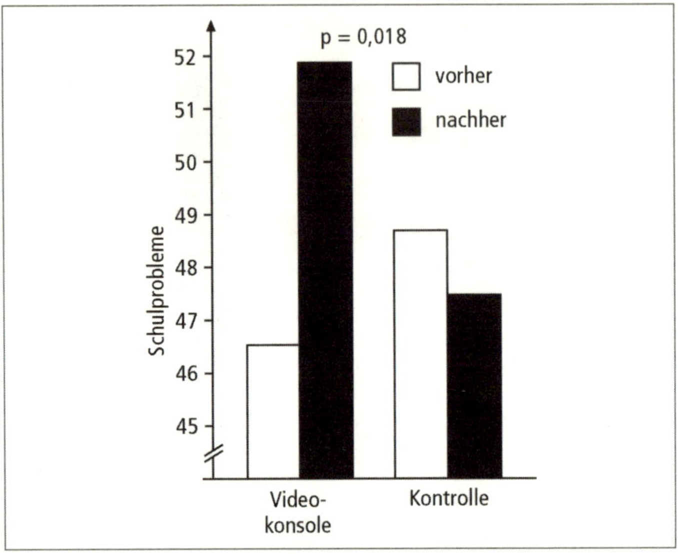

Abb. 7-3 Schulprobleme in beiden Gruppen, jeweils zu Beginn der Studie (weiße Säulen) und nach vier Monaten (schwarze Säulen), erfragt bei den zuständigen Lehrern mittels standardisierter Instrumente. Die Zunahme in der Gruppe der Kinder, die ihre Spielekonsole gleich zu Beginn der Studie erhalten hatten, war signifikant (mit p = 0,003; nach Daten aus 19, Tab. 2).

Das Erstaunliche an der Studie ist, dass trotz ihrer kurzen Dauer von nur vier Monaten und trotz der Tatsache, dass in der Kontrollgruppe durchaus auch Videospiele gespielt wurden (nur nicht so viele Minuten), klare negative Auswirkungen einer geschenkten Videospielekonsole auf die Schulleistungen nachgewiesen werden konnten. Eine Pfadanalyse konnte zudem zeigen, dass die Effekte durch die Dauer des täglichen Videospiels vermittelt und damit dosisabhängig waren. Anders ausgedrückt: Viel schadet viel.

Im Hinblick auf die Relevanz der Ergebnisse für die weitere schulische Entwicklung erscheint erwähnenswert, dass die Stärke des Effekts bei der Schriftsprache am größten war, also im Hinblick auf den Erwerb einer Fähigkeit, die man als die Kulturtechnik schlechthin bezeichnen könnte. Wer mit der Schriftsprache Probleme hat, bekommt sie in anderen Fächern später auch (7), womit sich die Auswirkungen des Geschenks einer Videospielekonsole als besonders tückisch erweisen.

Aber muss man seinem Jungen nicht doch eine Spielkonsole schenken, weil er sonst die Kontakte zu Gleichaltrigen und Freunden verliert und ein Außenseiter wird? – *Nein, muss man nicht*(!), lautet die Antwort einer weiteren kürzlich publizierten Studie (8), die genau dieser Frage nachging: Wie verändert die zunehmende Nutzung von Bildschirmmedien die Qualität der Beziehungen zu Familie und Freunden?

Schon lange wird anhand von vorliegenden Daten vermutet, dass es zu mehr Entfremdung zwischen Eltern und Kindern sowie zu einer Verminderung sozialer Fähigkeiten und sozialer Beziehungen durch Bildschirmmedien kommen könnte. Anhand zweier großer Datensätze zu Determinanten der Langzeitverläufe der Persönlichkeitsentwicklung konnte hier weitere Klarheit geschaffen werden.

Der eine Datensatz wurde von mir bereits mehrfach in anderer Hinsicht thematisiert (12) und besteht in einer neuseeländischen Kohorte aus 976 Personen, die im Alter von 15 Jahren unter anderem zu ihren Bildschirmmediennutzungsgewohnheiten befragt worden waren. Hierbei zeigte sich, dass für jede Stunde mehr Bildschirmmediennutzung das Risiko einer geringen Elternbindung um 13% und das Risiko einer geringen Bindung an Gleichaltrige und Freunde sogar um 24% anstieg.

Aufgrund des Alters der Daten (die Schüler waren 1987/88 15 Jahre alt) erlaubt diese Studie nur die Beurteilung des Effekts des Fernsehens, da andere Bildschirmmedien damals praktisch noch nicht existierten. Daher ist der zweite Datensatz von großer Bedeutung, der 16 Jahre später gewonnen wurde und 3043 neuseeländische Schüler im Alter von 14 bis 15 Jahren (im Jahr 2004) umfasste, die ebenfalls nach ihren Bildschirmmediennutzungsgewohnheiten befragt wurden. Hierbei zeigte sich wiederum der Zusammenhang zwischen Bildschirmmediennutzung und geringer Bindung zu den Eltern. Im direkten Vergleich zwischen Fernsehen und Konsole hatte die Konsole dabei einen um 20% größeren negativen Effekt auf die Bindung an die Eltern als das Fernsehen. Weitere Analysen zeigten, dass das Spielen an einer Konsole auch die Bindung an Gleichaltrige und Freunde minderte, also nicht förderte!

Ein Vergleich der beiden Datensätze (aus dem gleichen Land) zeigt zudem die deutliche Zunahme des Bildschirmmedienkonsums (von drei auf sechs Stunden) bei gleichzeitiger deutlicher Abnahme der Bindung zu den Eltern und Freunden von Werten von 29,5 (Eltern) bzw. 28 (Freunde) auf Werte von 23 (Eltern) bzw. 22,9 (Freunde) in einem Bindungsinventar. Aus dieser Sicht sind Befürchtungen, ein Mangel an Bildschirmmedienkonsum könne die sozialen Bindungen von Kindern und Jugendlichen beeinträchtigen, vollkommen unbegründet. Vielmehr ist das Gegenteil der Fall und auch durch andere Studien gut belegt (17): Bildschirmmedien schaden den sozialen Fähigkeiten und Fertigkeiten sowie dem ganz konkreten sozialen Miteinander.

Wenn Sie also wollen, dass Ihr Kind in der Schule schlechtere Leistungen erbringt und sich künftig weniger sowohl um Sie als auch um seine Freunde kümmert – aber nur wenn Sie das wirklich wollen – schenken Sie ihm doch eine Spielekonsole![1]

Literatur

1. Anderson CA et al. Longitudinal effects of violent video games on aggression in Japan and the United States. Pediatrics 2008; 122: e1067–e1072.
2. Cummings HM, Vandewater EA. Relation of adolescent video game play to time spent in other activities. Archives of Pediatrics Adolescent Medicine 2007; 161(7): 684–9.
3. Gentile DA et al. Pathological video-game use among youths ages 8 to 18: A national study. Psychological Science 2009; 20: 594–602.
4. Gentile DA et al. Public policy and the effects of media violence on children. Social Issues and Policy Review 2007; 1: 15–61.
5. Kutner LA et al. Parents' and sons' perspectives on video game play: A qualitative study. Journal of Adolescent Research 2008; 23: 76–96.
6. Ostrov JM, Gentile DA, Crick NR. Media exposure, aggression and prosocial behavior during early childhood: A longitudinal study. Social Development 2006; 15: 612–27.

---

1 Dies provoziert natürlich die Frage nach der Ethik der Studie von Weis und Cerankosky: Darf man Kindern eine *Playstation* schenken, um herauszufinden, wie sehr diese ihnen schadet? Ich denke, man darf, und zwar dann, wenn niemandem zusätzlicher Schaden zugefügt wird (14). Die Eltern wollten ihrem Kind ohnehin eine *Playstation* kaufen und wurden nach der Studie über deren Gefahren aufgeklärt. Diese waren vorher zwar vermutet, jedoch ganz offensichtlich in ihrer Dramatik unterschätzt worden (hätten sich die Eltern sonst mit dem Gedanken an das Geschenk getragen?). Weil die Erkenntnisse aus der Studie potenziell sehr vielen Kindern zugute kommen, und weil sie wichtig sind für die Beurteilung einer Aktivität, die von Millionen von Kindern in der westlichen Welt täglich stundenlang ausgeübt wird, ist das Verhältnis von Nutzen und Risiko in einem vergleichsweise sehr günstigen Bereich.

7. Rayner K et al. How psychological science informs the teaching of reading. Psychological Science in the Public Interest 2001; 2: 31–74.
8. Richards R et al. Adolescent screen time and attachment to peers and parents. Arch Pediatr Adolesc Med 2010; 164: 258–62.
9. Roberts DF, Foehr UG, Rideout V. Generation M. Media in the lives of 8–18 year-olds. Washington, DC: Kaiser Family Foundation 2005.
10. Schmidt ME, Vandewater EA. Media and attention, cognition, and school achievement. The Future of Children 2008; 18(1): 63–85.
11. Sharif I, Sargent JD. Association between television, movie, and video game exposure and school performance. Pediatrics 2006; 118(4): 1061–70.
12. Spitzer M. Macht Fernsehen dick? In: Gott-Gen und Großmutterneuron. Stuttgart: Schattauer 2007; 66–72.
13. Spitzer M. Fernsehen und Bildung. In: Gott-Gen und Großmutterneuron. Stuttgart: Schattauer 2007; 82–5.
14. Spitzer M. Heim oder Familie?. In: Das Wahre, Schöne, Gute. Stuttgart: Schattauer 2009; 135–41.
15. Spitzer M. Kindertheater. In: Aufklärung 2.0. Stuttgart: Schattauer 2010; 19–32.
16. Spitzer M. Aus Wissen wird Handlung. Medizin als Modell translationaler Forschung. In: Aufklärung 2.0. Stuttgart: Schattauer 2010; 198–202.
17. Spitzer M. Gemütlich dumpf. In: Aufklärung 2.0. Stuttgart: Schattauer 2010; 156–63.
18. Valentine G, Marsh J, Pattie C. Children and young people's home use of ICT for educational purposes. Department for Education and Skills. Research Report RR672, London 2005. www.dcsf.gov.uk/research/data/uploadfiles/RR672.pdf; accessed 15.10.2010.
19. Weis R, Cerankosky BC. Effects of video-game ownership on young boys' academic and behavioral functioning. Psychological Science 2010; 21: 463–70.
20. Willoughby T. A short-term longitudinal study of internet and computer game use by adolescent boys and girls: Prevalence, frequency of use, and psychosocial predictors. Developmental Psychology 2008; 44: 195–204.

8 Gehirnjogging?

Kaum ein Tag vergeht, an dem nicht irgendjemand anruft oder zu mir kommt und „vom Gehirn- und Lernforscher" wissen will, was man tun kann, um im Alter geistig fit zu bleiben. Der dieser Frage zugrunde liegende und des Öfteren geäußerte Gedanke ist etwa der: „Ich lebe gesund, esse täglich Müsli zum Frühstück, trinke Orangensaft und grünen Tee, jogge jeden zweiten Tag und gehe zweimal wöchentlich ins Fitnessstudio. Jetzt würde ich gern noch etwas für meinen Geist tun. Empfehlen Sie Kreuzworträtsel oder doch lieber Sudoku, oder gibt es da noch bessere Sachen, am Computer zum Beispiel, *Braingym* oder wie das heißt ...?"

In der Tat gibt es das: 2007 gaben die US-Amerikaner 80 Millionen Dollar dafür aus, 2005 waren es nur zwei Millionen (1). Ein boomender Markt also! Aber bringt es auch etwas? Viele dieser Produkte werden damit beworben, dass die Wissenschaft festgestellt habe, dass das Gehirn plastisch sei und sich bei Beanspruchung verändere. Das stimmt. Es ist auch richtig, dass Studien an Ratten, die entweder in langweiligen Käfigen oder in interessanten Umgebungen gehalten werden, einen positiven Effekt der interessanten Umgebung auf das Gehirn und dessen Leistungsfähigkeit gezeigt haben: Die Tiere sind besser bzw. schneller beim Bewältigen verschiedener Aufgaben, haben ein größeres Gehirn und größere oder mehr Nervenzellen bzw. mehr Verbindungen (Synapsen) zwischen ihnen (4, 8, 10). Denkt man etwas darüber nach, so sagen diese Studien, auf den Menschen übertragen, eigentlich nichts über die Auswirkungen zusätzlicher Stimulation aus, sondern nur etwas über die Auswirkungen chronischer Deprivation. Wer ganz normal lebt, mit Sachen und Leuten zu tun hat, „im Leben steht", wie man auch sagt, dessen Existenz ist mit dem Leben einer Laborratte im Käfig im Grunde nicht zu vergleichen.

Dennoch werden z. B. Gehirngymnastik, Gehirnjogging, Gehirntraining heftig beworben, und vor allem die computerisierten Versionen dieser Aktivitäten finden auch bei uns immer größeren Absatz. Wissenschaftlich nachgewiesen sind positive, auf das wirkliche Leben übertragbare und in ihm bemerkbare Auswirkungen dieser Produkte jedoch nicht. Es ist daher sehr zu begrüßen, dass britische Wissenschaftler eine sehr groß angelegte Studie hierzu durchgeführt haben, die im Folgenden beschrieben werden soll (9).

Die Autoren wandten sich an die Zuschauer der populärwissenschaftlichen Serie der British Broadcasting Cooperation (BBC) *Bang Goes The Theory* (was sinngemäß übersetzt etwa bedeutet: mit einem Schlag ist wieder eine Theorie erledigt) mit der Bitte um Teilnahme an einer sechswöchigen internetbasierten Studie. Es meldeten sich daraufhin 52 617 Teilnehmer im Alter von 18 bis 60 Jahren, die zunächst mit vier neuropsychologischen Tests im Hinblick auf

- logisches Denken,
- verbales Kurzzeitgedächtnis,
- räumliches Arbeitsgedächtnis und
- das Lernen paarweiser Wortassoziationen untersucht wurden.

Von diesen Tests ist bekannt, dass sie sehr sensibel auf krankhafte Beeinträchtigungen geistiger Leistungen reagieren und dass sie auch Leistungsverbesserungen anzeigen, wenn beispielsweise *Cognition Enhancers*, also Substanzen, welche die geistige Leistungsfähigkeit verbessern, zuvor verabreicht werden.

Danach wurden die Teilnehmer randomisiert auf zwei Experimentalgruppen und eine Kontrollgruppe verteilt. Sie mussten mindestens dreimal wöchentlich sechs Trainingsaufgaben für jeweils zehn Minuten absolvieren, die in Experimentalgruppe I vor allem das logische Denken, Planen und Problemlösen betrafen. In Experimentalgruppe II wurde eine breitere Palette geistiger Leistungen mittels Aufgaben zu Kurzzeitgedächtnis, Aufmerksamkeit, räumliches Denken und Mathematik trainiert. Wie bei entsprechenden kommerziellen Gehirntrainingsprogrammen wurde die Schwierigkeit der Aufgaben dem jeweiligen Stand des Teilnehmers angepasst, sodass es immer neue Herausforderungen gab und der Erfolg des Trainings maximal war. Die Kontrollgruppe bekam nichts zum Üben, sondern musste während des Trainings irgendwelche obskuren Fragen beantworten. Nach sechs Wochen Training wurden die eingangs erhobenen Tests wiederholt und mit den Leistungen beim Eingangstest verglichen. 11430 Teilnehmer (Tab. 8-1) hielten durch, das heißt, absolvierten Eingangs- und Endtest sowie im Durchschnitt knapp 25 Trainingseinheiten.

Tab. 8-1 Beschreibung der Teilnehmer, Mittelwerte und Standardabweichungen in Klammern (Daten aus 9).

	n	**Durchschnittsalter (Jahre)**	**Geschlechterverhältnis (w/m)**	**absolvierte Trainingseinheiten**
Experimentalgruppe I	4678	39,14 (11,91)	5,5 / 1	28,39 (19,86)
Experimentalgruppe II	4014	39,65 (11,83)	5,6 / 1	23,86 (15,66)
Kontrollgruppe	2738	40,51 (11,79)	4,3 / 1	18,66 (12,87)
gesamt	11430			24,47 (16,95)

Gemessen wurden die Verbesserung bei den vier neuropsychologischen Tests (Leistung am Ende minus Leistung zu Beginn) sowie die Verbesserung bei den jeweils sechs Trainingsaufgaben im Verlauf der Trainingssitzungen (Leistung am Ende minus Leistung zu Beginn). Dieses Vorgehen erlaubte es, die *testspezifischen* Verbesserungen von *allgemeinen* Verbesserungen der geistigen Leistungsfähigkeit zu unterscheiden. Mit anderen Worten: Man konnte nachsehen, ob das, was geübt wird, auch auf andere Situationen übertragen werden kann. Noch einmal anders: Das Versuchsdesign erlaubte, die Frage zu beantworten, ob man durch die Trainingsaufgaben nur in den Trainingsaufgaben besser wird, oder ob man ganz allgemein vom Training profitiert, also seinen Geist wirklich im und für das Leben verbessert.

Die Ergebnisse der Studie sind ernüchternd: In allen drei Gruppen kam es zu sehr geringen Verbesserungen im zweiten Test im Vergleich zum ersten, die aber gar nicht auf das Training, sondern auf einen Übungseffekt beim Test zurückzuführen waren (man machte ihn ja nach sechs Wochen noch einmal). Mit anderen Worten: Keines der Trainings änderte etwas an der geistigen Leistungsfähigkeit der Teilnehmer im Hinblick auf

- logisches Denken,
- verbales Kurzzeitgedächtnis,
- räumliches Arbeitsgedächtnis und
- das Lernen neuer Assoziationen.

Demgegenüber verbesserten sich alle Teilnehmer der Experimentalgruppen I und II deutlich und statistisch signifikant in den Trainingsaufgaben. Selbst die Teilnehmer der Kontrollgruppe wurden besser (wenn auch nur numerisch) im Beantworten obskurer Fragen. Das bedeutet, dass diese Aufgaben durchaus einen Lerneffekt haben, dieser Effekt einem jedoch bei anderen Aufgaben, selbst wenn sie mit dem Training verwandt sind, nichts nützen. Die Autoren diskutieren ihre Daten daher auch sehr klar: „Unserer Ansicht nach liefern diese Ergebnisse keine Beweise für den weit verbreiteten Glauben, dass die Benutzung computerisierter Gehirntrainer bei gesunden Menschen die allgemeine geistige Leistungsfähigkeit verbessert" (9, S. 777, Übersetzung durch den Autor).

Es ist also nichts mit dem Gehirnjogging. Dies mag zunächst wundern, denn wir wissen aus zahlreichen Studien, dass Gewalt in den Medien zu mehr realer Gewalt führt (11), insbesondere auch Gewaltvideospiele. Diese verhalten sich jedoch zu Trainingssoftware für geistige Leistungen wie ein gut gemachter Horrorfilm zu einer langweiligen Dokumentation. Man lernt am Bildschirm, aber erstens nur dann, wenn der Inhalt emotional aufgeladen angeboten wird, und zweitens lernt man recht spezifisch das, was man übt. Wer ballert, lernt ballern und nicht etwa allgemeine Sozialkompetenz, wie zuweilen behauptet wird (12).

In den USA verbringen Jugendliche nach neuesten Daten 7,5 Stunden täglich vor Bildschirmmedien. Erwachsene können hierzulande bei Eltern-LAN (einem gemeinsamen Projekt von *Turtle Entertainment*, dem Marktführer im elektronischen Sport in Europa), der *Bundeszentrale für politische Bildung* (2) und dem *Institut zur Förderung von Medienkompetenz* an der Fachhochschule Köln (gefördert von *Nintendo* und *Electronic Arts*, dem weltweit größten Hersteller von Killerspielesoftware), unter der Schirmherrschaft des nordrhein-westfälischen Familienministers (7) „die Faszination von *World of Warcraft* und *Counterstrike*" erleben und was die lieben Kleinen sonst noch so den ganzen Tag am Computer treiben. Und Oma und Opa sollen nun auch noch – zur Vorbeugung gegen Alzheimer-Demenz – beidseits des Atlantiks ran an den PC.

Aus meiner Sicht ist es eine Horrorvorstellung, wenn alle drei Generationen nichts Besseres mit ihrer Zeit anzufangen wissen, als vor dem Bildschirm zu sitzen und auf Außerirdische zu ballern! Gefördert durch Steuermittel. Sie lernen, worauf der Chef der Projektgruppe Kindermedien am *Fraunhofer-Institut für Digitale Medientechnologie* hinweist; aber er sagt nicht, was sie lernen, meint jedoch, „dass man *Counterstrike* etwa so aggressiv und so unterhaltsam spielen kann wie *Mensch ärgere Dich nicht* (6).

Zurück zur ursprünglichen Frage: Wenn man dem drohenden Morbus Alzheimer nicht am Computer Einhalt gebieten kann, wie dann? – Hier hilft ein genauer Blick in die erwähnte Literatur zu Ratten (und übrigens auch Affen) in Käfigen. Die angereicherte Umgebung (enriched environment) bestand in diesen Studien nämlich nicht nur aus Spielzeug, sondern auch aus Laufrädern und vor allem aus anderen Tieren, Artgenossen, mit denen sich gut die Zeit vertreiben lässt. Bei Ratten, die sich körperlich ertüchtigen, wachsen im Hippocampus, also dort, wo Nervenzellen bei Morbus Alzheimer vermehrt zugrunde gehen, deutlich mehr Nervenzellen. Ratten leben sogar länger, wenn sie mit anderen Ratten zusammenleben, verglichen mit Ratten in Einzelkäfigen.

Der Mensch ist nun das sozialste aller Wesen, worauf schon Aristoteles hinwies, er lebte über Jahrhunderttausende in Horden von über hundert Individuen, entwickelte ein vergleichsweise großes Gehirn, und benutzt es seither vor allem für soziale Interaktionen. Von diesen kann sogar unser Belohnungssystem, das zugleich unser Lernsystem ist, wie wir heute wissen, nie genug bekommen, im Gegensatz zu allen anderen Aktivitäten, die uns irgendwann langweilen (13).

Und der Mensch ist ein Ausdauerwesen, das es zwar im schnellen Sprint nicht mit Pferden, Gazellen oder Leoparden aufnehmen kann, im Marathonlauf jedoch durchaus (3, 5).

Die beste Umgebung für Menschen ist damit – das Zusammensein mit anderen Menschen an der frischen Luft! Aus dieser Sicht der Dinge leben nicht wenige ältere Menschen in der westlichen Welt nicht viel anders als die Ratten im Einzelkäfig: Allein in kleinen Wohnungen, mit wenig Bewegung und noch weniger täglichen Sozialkontakten, zuweilen gar keinen oder lediglich Kontakten einmal in der Woche bis einmal im Monat. Wer so lebt, der sollte sich rasch einen Enkel anschaffen; und wer das nicht kann, der möge sich einen ausleihen. Ein junger Mensch ist ein unendlicher Quell z. B. von Fragen, Aufforderungen, anderen Meinungen, Provokationen, Witzen – viel besser als ein Bildschirm. Und für ihn sind ältere Menschen ebenfalls ein besserer Umgang als Bildschirme, denn an ihnen kann er sich reiben. Gegen ein Enkelkind sind Kreuzfahrtschiffe und Golfplätze langweilig. Entsprechend ist ihr relativer Stellenwert in der Alzheimerprophylaxe aus neurowissenschaftlicher Sicht einzustufen. Was antworte ich also auf die eingangs gestellte Frage, täglich meist mehrfach: „Wenn Sie es wirklich ernst meinen mit dem Gehirnjogging für Ihre geistige Fitness im Alter, dann schalten Sie getrost den Bildschirm, egal ob TV oder PC, aus, rufen Ihren Enkel zu sich und machen mit ihm einen Spaziergang im Wald. Das fördert sogar das Gemeinschaftsempfinden (14) und so werden Sie beide glücklich und hundert Jahre alt."

Literatur

1. Aamodt S, Wang A. Exercise on the brain. www.nytimes.com/2007/11/08/opinion/08aamodt.html?_r=2; accessed 20.6.2010.
2. BPB Bundeszentrale für Politische Bildung 2010. Eltern-LAN. Zusammen Spiele erleben. www.bpb.de/veranstaltungen/5OSRWT,0,ElternLAN_Eine_LANParty_nur_f%FCr_Eltern.html.

3. Bramble DM, Lieberman DE. Endurance running and the evolution of Homo. Nature 2004; 432: 345–52.
4. Glasper ER, Morton JC, Gould E. Environmental influences in adult neurogenesis. In: Koob GF, Moal MLE, Thompson RF (eds.). Encyclopedia of Behavioral Neuroscience. Amsterdam: Academic Press 2010.
5. Hecht J. Evolution made us marathon runners. New Scientist 2004; 2474: 15.
6. Jantke KP. Faszinationskraft von Computerspielen auf Kinder und Jugendliche und die Einschätzung des Jugendschutzes. In: Europäisches Informationszentrum (Hrsg.). Europäisches Symposium „Spielewelten der Zukunft“. Gotha: Druckmedienzentrum 2009.
7. Laschet A. Eltern-LAN. Zusammen Spiele erleben. www.bpb.de/files/0HTQ56.pdf; accessed 20.6.2010.
8. Leuner B, Shors TJ. Synapse formation and memory. In: Koob GF, Moal MLE, Thompson RF (eds.): Encyclopedia of Behavioral Neuroscience. Amsterdam: Academic Press 2010.
9. Owen AM, Hampshire A, Grahn JA, Stenton R, Dajani S, Burns AS, Howard RJ, Ballard CG. Putting brain training to the test. Nature 2010; 465: 775–8.
10. Rosenzweig MR, Bennett EL. Psychobiology of plasticity: Effects of training and experience on brain and behavior. Behavioural Brain Research 1996; 78: 57–65.
11. Spitzer M. Vorsicht Bildschirm. Stuttgart: Klett 2004.
12. Spitzer M. Gemütlich dumpf. In: Aufklärung 2.0. Stuttgart: Schattauer 2009; 156–63.
13. Spitzer M. Neugier und Lernen. In: Aufklärung 2.0. Stuttgart: Schattauer 2009; 12–18.
14. Spitzer M. Natur und Gemeinschaft. In: Aufklärung 2.0. Stuttgart: Schattauer 2009; 147–55.

9 Liebe und Sex, der Wald und die Bäume

Über den Sex und die Liebe wurde mittlerweile auch aus der Sicht der Gehirnforschung so viel geschrieben, dass man kaum annehmen mag, hier gäbe es noch etwas Neues zu berichten. Romantische Liebe, Bindung und Sex sind rein neurobiologisch betrachtet ganz unterschiedliche Sachverhalte, die zwar auf komplexe Weise miteinander interagieren, jedoch evolutionär zu unterschiedlichen Zeiten und in unterschiedlichen Kontexten entstanden und neurobiologisch im zentralen Nervensystem auf unterschiedliche Weise repräsentiert sind (1, 16). Frühere Auffassungen, die sowohl von Evolutionsbiologen als auch von Psychoanalytikern vertreten wurden, dass Liebe eine Art Epiphänomen darstelle und sich „eigentlich" alles nur um Sex drehe, sind unzutreffend.

Wenn dem so ist, wenn also Sex und Liebe neurobiologisch unterschiedlich repräsentiert sind und durch jeweils unterschiedliche Mechanismen und Prozesse begleitet werden, lassen sich neue Fragen stellen, die bislang gar nicht gleichsam auf dem Radarschirm der Forschung zu liegen kamen: Könnte es sein, dass Sex einerseits und Liebe andererseits unterschiedliche psychologische Effekte nach sich ziehen? Könnte es sogar sein, dass beide Erlebnisweisen im Hinblick auf Wahrnehmung oder Denkstil mit unterschiedlichen Effekten assoziiert sind?

Ein grundlegendes Merkmal des kognitiven Stils, das sich zwischen den Menschen unterscheidet und auch innerhalb eines Individuums variiert, ist, ob sich die Aufmerksamkeit auf das (große) Ganze oder auf (kleine) Details richtet. Man kann holistisch denken oder analytisch, die Gestalt betrachten oder deren Teile, den Wald sehen oder die Bäume. Das holistische, globale Denken begünstigt kreative Gedanken, neue entfernte Assoziationen, ist jedoch zugleich fehleranfällig, da man gerne das eine oder andere Detail übersieht. Das genaue analytische Denken ist dagegen vergleichsweise fehlerfreier, verläuft entlang ausgetretener assoziativer Bahnen, führt aber damit auch seltener zu völlig neuen Einsichten (4–6).

Schon lange ist bekannt, dass der Affekt der Angst dazu führt, dass man auf Details besser achtet (8), jedoch um den Preis, dass Kreativität kaum noch möglich ist. Umgekehrt zeigt nicht nur die sprudelnde Ideenflucht des Manikers, sondern auch jede entspannte Offenheit im Denken eines Künstlers oder Wissenschaftlers, wie positive Emotionen und Angstfreiheit Kreativität fördern können. Dass man dann auf Details weniger achtet, sollte nicht dazu führen, in Schulen wieder die Angst einzuführen (15).

Unser kognitiver Stil kann also durchaus wechseln: Mal betrachten wir eher den Wald und mal eher die Bäume. Er besitzt zudem eine gewisse Trägheit. Wenn ich beispielsweise gerade ängstlich bin und den Wald genau absuche, ob nicht doch ein Feind hinter einem Baum versteckt ist, werde ich Mühe haben, von einem Moment zum anderen in einen lässig-lockeren „happy go lucky“ kognitiven Stil umzuschalten, der mir viel Kreativität ermöglicht. Wenn ich mich umgekehrt in einer kreativen Stimmung befinde und irgendeine weitere Aufgabe zu lösen ist, ist die Wahrscheinlichkeit hoch, dass sich meine kreative Einstellung auch auf diese Aufgabe überträgt, wie entsprechende Experimente gezeigt haben (4): Wenn Leute eine Landkarte betrachten und auf die äußere Gestalt von Staaten achten sollen, bearbeiten sie eine nachfolgende Aufgabe, in der es um Kreativität geht, mit einem eher holistischen Denkstil und lösen die Aufgabe damit besser. Werden die Versuchspersonen hingegen zunächst angehalten, auf Details der Staaten auf den Landkarten zu achten, sind sie in der nachfolgenden Kreativitätsaufgabe weniger gut (2).

Die Konnotationen von Sex einerseits und romantischer Liebe andererseits sind nicht nur in der westlichen Kultur ganz offensichtlich unterschiedlich: Gehören zum Bedeutungshof von romantischer Liebe die Themen der Verbundenheit, Zärtlichkeit und die Gestaltung von Zukunft, so steht demgegenüber Sex nicht selten mit Gewalt, Angst und sogar Kriminalität in enger assoziativer Verbindung. Für viele Männer in westlichen Kulturen gehört Sex ohne Liebe zum Alltag. Bei den Frauen ist dies in deutlich geringerem Maße der Fall, wenn sie auch in jüngerer Zeit in dieser Hinsicht sich etwas den Männern anzunähern scheinen. Umgekehrt dürfte nicht erst seit Platon die Idee von Liebe ohne Sex die Menschen bewegt haben. Damit erscheint es möglich, dass die Assoziationen von Liebe und Sex zueinander nicht sehr eng sind, sodass sie (stattdessen) jeweils eigene Konnotationen hervorrufen.

Nicht zuletzt aufgrund ihres unterschiedlichen Zeithorizonts könnten Liebe und Sex verschieden konnotiert sein: Liebe ist für die Ewigkeit, Sex (vielleicht nur) für eine Nacht. Versuchspersonen beziehen sich entsprechend bei der Vorstellung eines Spaziergangs am Meer mit einer geliebten Person eher auf die fernere Zukunft, wohingegen sie Sex (ohne Liebe) relativ zeitnah imaginieren, wie entsprechende Experimente ergaben (3).

In einer Arbeit mit dem schönen Titel *Warum die Liebe Flügel hat, der Sex jedoch nicht* gingen Psychologen der Universitäten von Amsterdam, Bremen und Groningen in zwei Experimenten der Frage nach, ob der auf das Hier und Jetzt fokussierte Sex eher mit einem genauen, analytischen, lokalen Denkstil verknüpft ist, wohingegen romantische Liebe eher in die ferne Zukunft ausgerichtet ist und auf globale, kreative Ganzheitlichkeit abzielt. Sechzig Studenten (Durchschnittsalter 21,3 Jahre; 31 Frauen) nahmen am ersten Experiment teil und erhielten dafür jeweils 20 Euro. Ihnen wurde zunächst gesagt, dass sie eine Reihe einzelner Aufgaben zu erledigen hätten, die man in einer Sitzung gebündelt habe, um Zeit und Geld zu sparen. Die Aufgaben waren mit unterschiedlichen Farben und Schrifttypen auf verschiedenen Papieren dargeboten, um den Eindruck zu verstärken, dass sie „tatsächlich unzusammenhängend" waren. Dann erfolgte eine Bahnungsprozedur (9–11) zur Aktivierung der Bedeutungen „Liebe" und „Sex" bzw. einer neutralen Kontrolle (jeweils 20 Versuchspersonen pro Bahnungsbedingung). Die Probanden sollten sich einen langen Spaziergang mit ihrem geliebten Partner vorstellen und dabei intensiv an ihre Liebe und Zuneigung denken (Bedingung „Liebe"). Oder sie sollten sich ein „zufälliges" sexuelles Abenteuer mit einer attraktiven (jedoch von ihnen nicht geliebten) Person vorstellen (Bedingung „Sex"). Die Probanden in der Kontrollbedingung hatten die Aufgabe, sich vorzustellen, alleine spazieren zu gehen. „Alle Probanden wurden gebeten, sich die mit dem Ereignis verbundenen angenehmen Gefühle vorzustellen und ihre Gedanken daran aufzuschreiben", kommentieren die Autoren ihre Anweisungen im Experiment (3, Übersetzung durch den Autor). Danach waren Fragen zu den Aufgaben (Wie schwer war es, sich das vorzustellen? Wie peinlich war das? Wie sehr mochten Sie die Aufgabe? Wie sehr mochten Sie das vorgestellte Ereignis?) auf einer Skala von 1 (gar nicht) bis 9 (sehr), zur Stimmung (Wie fühlen Sie sich gerade?) auf einer Skala von 1 (sehr schlecht) bis 9 (sehr gut) und zu weiteren Gefühlen zu beantworten.

Hieran schlossen sich Aufgaben zur Kreativität und zum analytischen Denken an, also zu den Prozessen, die es experimentell zu untersuchen galt. Zunächst wurden drei mittlerweile „klassische" Aufgaben zur Kreativität gestellt, die alle lösbar waren, eine Weile des unsicheren, tastenden Nachdenkens erforderten und schließlich zu einem Aha-Erlebnis führen. Betrachten wir eine der Aufgaben als Beispiel: „Ein Händler für antike Münzen erhielt das Angebot, eine sehr schöne, gut erhaltene Bronzemünze zu kaufen. Die Münze zeigte auf der einen Seite den Kopf eines Potentaten und auf der anderen die Aufschrift 544 v. Chr. Der Händler untersuchte die Münze, aber anstatt sie zu kaufen rief er die Polizei an. Warum?“ So wurde das Problem jeder Versuchsperson von den Autoren (3; Übersetzung durch den Autor) gestellt.[1] Gemessen wurde die Zahl der innerhalb von sechs Minuten gefundenen Lösungen (also maximal drei).

Die Aufgaben zur Messung des genauen, analytischen Denkens bestanden in vier Problemen aus einer Logik-Prüfung für Studenten, die in vier Minuten zu lösen waren. Eines sei wieder beispielhaft angeführt: Wenn A < B und C > B ist, was folgt?[2] Nach den Aufgaben ließ man die Probanden noch die Schwierigkeit der Aufgaben einschätzen, ihre Motivation die Aufgaben zu lösen und die zur Lösung notwendige subjektiv erlebter Anstrengung (jeweils auf einer Skala von 1 bis 9). Schließlich wurden die Probanden noch nach ihrer Partnerbeziehung gefragt, mit den folgenden Antwortmöglichkeiten, die sich nur schwer ins Deutsche übersetzen lassen und daher im Original zitiert werden sollen: „In a commited relationship, freshly in love, single, just dumped, dumped a long time ago“ (3).

Die inhaltliche Analyse der Aufschriften bestätigte zunächst die Assoziation von Liebe und Zukunft: Die Gruppe, in der „Liebe“ gebahnt wurde, stellte sich im Durchschnitt signifikant mehr Wünsche, Ziele oder Ereignisse in Bezug auf die Zukunft vor als die Probanden, die mit „Sex“ gebahnt wurden oder die Probanden der Kontrollgruppe (Abb. 9-1).

---

1 Die Lösung ist so banal, dass ich mich kaum traue, sie hier anzuführen: Im Jahr 544 vor Christus wusste man nichts von Christus, weswegen die Datierung damals nicht in dieser Weise erfolgen konnte. Andererseits ist die Lösung auch wieder schwierig, denn die ganze Geschichte ist äußerst unwahrscheinlich: Wer schlau genug ist, eine Münze zu fälschen, begeht diesen Fehler nicht.

2 Es gilt Anmerkung 1, dennoch: A < C.

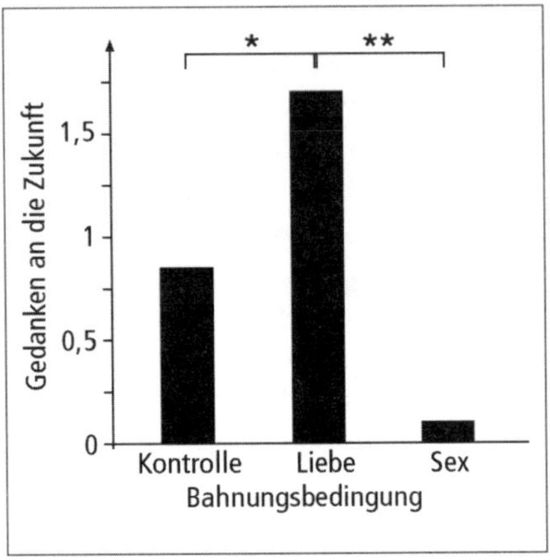

Abb. 9-1 Je nach Bahnungsbedingung berichteten die Probanden Gedanken an die Zukunft in signifikant unterschiedlichem Ausmaß (*p < 0,04; **p < 0,001; nach Daten aus 3).

In Abbildung 9-2 sind die Ergebnisse der Aufgaben zur Kreativität und zum analytischen Denken in Abhängigkeit von der Bahnung mit Liebe oder Sex bzw. in der Kontrollgruppe (keine Bahnung) dargestellt. Man sieht, dass die analytische Aufgabe insgesamt leichter war (sicher zum Teil technisch bedingt: es konnte ja auch ein Punkt mehr erworben werden) als die Aufgabe zur Kreativität. Wichtig ist das Ergebnis, dass die Bahnung die beiden Aufgaben in unterschiedlicher Weise beeinflusste: Bahnung mit „Liebe“ führte zu signifikant mehr Kreativität im Vergleich zur Kontrollbedingung und zur Bahnungsbedingung „Sex“, die wiederum im Vergleich zur Kontrolle signifikant weniger Kreativität bewirkte. Beim analytischen Denken war dies umgekehrt: Hier führte die Bahnung mit „Sex“ zu einer signifikanten Verbesserung, sowohl gegenüber der Kontrolle als auch gegenüber „Liebe“. Interessant ist noch, dass diese Effekte nicht über die Stimmung vermittelt waren und nicht vom Status der Beziehung beeinflusst waren. Es handelte sich mithin um direkte Bahnungs-

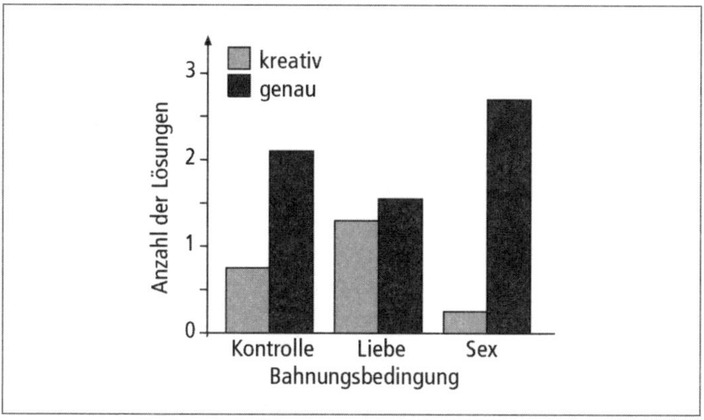

Abb. 9-2 Je nach Bahnungsbedingung werden eher kreative oder eher analytische Prozesse gefördert: „Liebe" bewirkt mehr Kreativität (helle Säulen), sowohl im Vergleich zur Kontrollbedingung ($p < 0,16$) als auch im Vergleich zu „Sex" ($p < 0,0001$). „Sex" bewirkt umgekehrt im Vergleich zur Kontrolle signifikant weniger Kreativität ($p < 0,027$), dafür aber besseres (durch dunkle Säulen wiedergegebenes) analytisches Denken ($p < 0,04$). Dieses wird durch „Liebe" vergleichsweise vermindert, sowohl gegenüber der Kontrolle ($p < 0,05$) als auch gegenüber „Sex" ($p < 0,001$). Die p-Werte stammen von Post-hoc-Kontrasten, die bei einer signifikanten Interaktion von Bahnungsbedingung und Aufgabentyp ($p < 0,001$) sinnvoll berechnet und interpretiert werden können (nach Daten aus 3).

effekte der Imagination von Liebe oder Sex auf den Denkstil.

In einem zweiten Experiment wurde untersucht, ob die Bahnung auch unterschwellig (subliminal) erfolgen kann, ob also unbewusste Prozesse für die beobachteten Effekte im Wesentlichen verantwortlich zu machen sind. Erneut nahmen 60 Studenten (je 30 Frauen und Männer im Durchschnittsalter von 23,4 Jahren) am Experiment teil, das als Studie zur Aufmerksamkeit „getarnt" war. Zunächst sahen die Versuchspersonen für einen kurzen Moment einen „Lichtblitz“ auf der linken oder rechten Seite des Bildschirms, bei dem es sich in Wahrheit um ein Wort (je nach Experimentalbedingung: „LIEBE“, „SEX“ oder „XQFBZ“) handelte, das so kurz gezeigt wurde, dass es nicht bewusst wahrgenommen werden konnte. Dann sahen die Versuchspersonen einen zusammengesetzten visuellen Reiz (Abb. 9-3) und hatten danach zu entscheiden, welcher von zwei folgenden Reizen diesem entsprach. Dabei konnte die Antwort entweder durch die Form der Teile oder die Form des Ganzen bestimmt sein, je nachdem, was gerade bevorzugt verarbeitet wird.

Abbildung 9-4 zeigt die Ergebnisse des Tests zur globalen versus lokalen Verarbeitung. Es gab insgesamt 48 Durchgänge, und die Anzahl der globalen Reaktionen (mi-

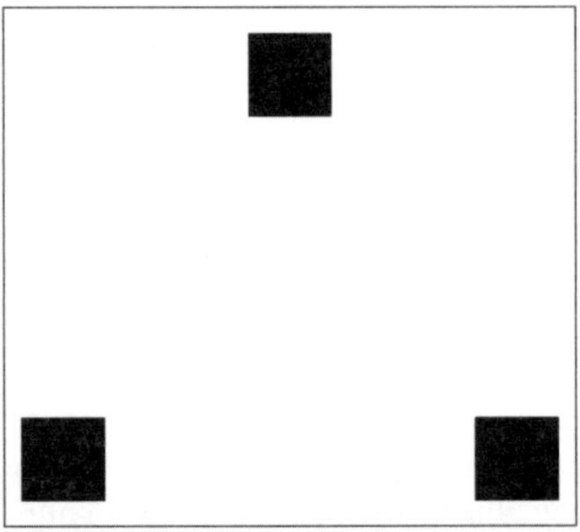

Abb. 9-3 Ein aus Vierecken zusammengesetztes Dreieck, wie man es in Studien zur Verarbeitung von Details versus Ganzheit verwendet. Erkennt man zunächst ein Dreieck, dann verarbeitet man gerade eher global (ganzheitlich), fallen einem dagegen zunächst Quadrate auf, verarbeitet man eher lokal (detailliert).

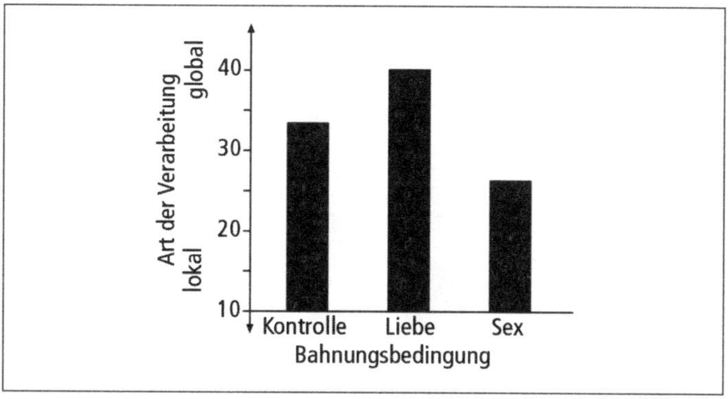

Abb. 9-4 Je nach Bahnungsbedingung werden eher globale oder eher lokale Verarbeitungsprozesse gefördert: „Liebe" bewirkt signifikant mehr globale Verarbeitung, sowohl im Vergleich zur Kontrollbedingung ($p < 0,022$) als auch im Vergleich zu „Sex" ($p < 0,0001$). „Sex" bewirkt umgekehrt im Vergleich zur Kontrolle signifikant weniger globale Verarbeitung ($p < 0,016$). Die p-Werte stammen von Post-hoc-Kontrasten (nach Daten aus 3).

nimal 0, maximal 48) in Abhängigkeit von der (subliminalen) Bahnungsbedingung (Kontrolle, Liebe, Sex) sind durch die Säulen repräsentiert. Die Bahnung beeinflusste die Art der Verarbeitung signifikant ($p < 0,0001$), wobei Liebe zu signifikant mehr globaler Verarbeitung führte, Sex hingegen zu signifikant weniger im Vergleich zur Kontrolle.

Schließlich hatten die Autoren noch den Logik-Test für analytisches Denken (wie bei Experiment 1) sowie einen Kreativitätstest durchgeführt, bei dem die Probanden für ein Problem (was kann man mit einem Ziegelstein so alles anfangen?) so viele kreative Lösungen wie möglich angeben sollten. Wieder zeigte sich, dass die Bahnung mit „Liebe" zu Kreativität führt, wohingegen „Sex" die Kreativität vermindert (Abb. 9-5). Bei der Logik-Aufgabe war es (wie in Experiment 1) umgekehrt (Abb. 9-6).

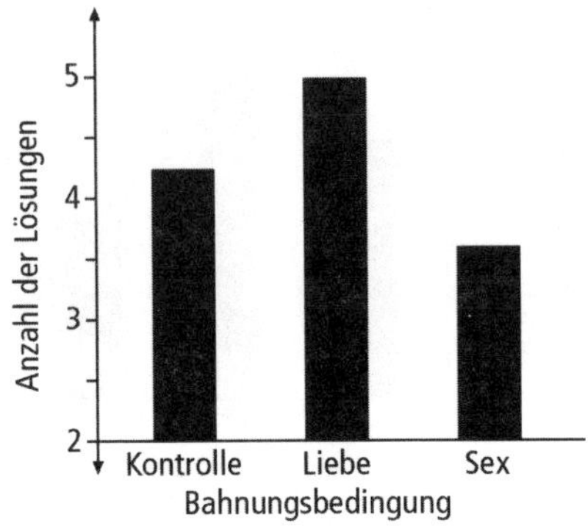

Abb. 9-5 Anzahl der Lösungen in einer Aufgabe zur Kreativität in Abhängigkeit von der Bahnung. „Liebe" bewirkt signifikant mehr kreative Lösungen, sowohl im Vergleich zur Kontrollbedingung ($p < 0{,}018$) als auch im Vergleich zu „Sex" ($p < 0{,}0001$). „Sex" bewirkt umgekehrt im Vergleich zur Kontrolle signifikant weniger globale Verarbeitung ($p < 0{,}032$). Die p-Werte stammen von Post-hoc-Kontrasten (nach Daten aus 3).

Zwei weitere statistische Analysen zeigten, dass die Bahnungseffekte auf das kreative und analytische Denken gleichsam auf dem Weg über die Beeinflussung der globalen/lokalen Verarbeitung zustande kommen. Liebe bahnt globale Verarbeitung (man sieht den Wald), Sex lokale Verarbeitung (man sieht die Bäume).

Die Autoren diskutieren ihre Ergebnisse im Hinblick auf verschiedene psychologische Theorien, sind jedoch relativ zurückhaltend, was die praktische Relevanz anbelangt. Man erfährt in dieser Hinsicht lediglich, dass die Befunde „funktionell" bedeutsam sein könnten dahingehend, dass Liebe blind macht für die kleinen Fehler des anderen („... wodurch die kleinen alltäglichen Probleme vielleicht leichter überwunden werden können"; 3, S. 1489). Wenn sie vom

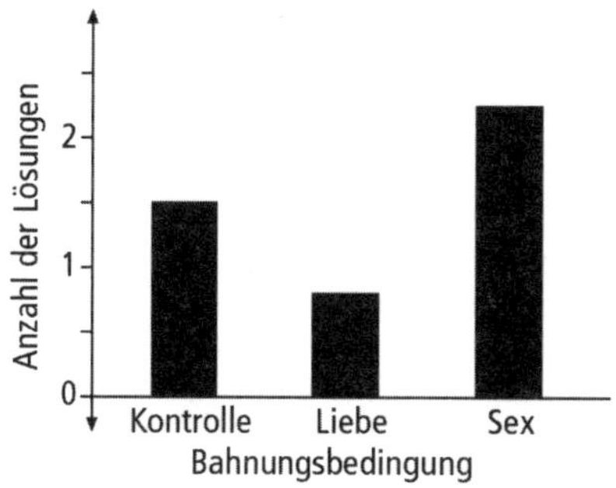

Abb. 9-6 Anzahl der Lösungen in einer Aufgabe zum analytischen, logischen Denken in Abhängigkeit von der Bahnung. „Liebe" bewirkt signifikant weniger Lösungen, sowohl im Vergleich zur Kontrollbedingung ($p < 0{,}05$) als auch im Vergleich zu „Sex" ($p < 0{,}0001$). „Sex" bewirkt umgekehrt im Vergleich zur Kontrolle signifikant mehr Lösungen ($p < 0{,}04$). Die p-Werte stammen von Post-hoc-Kontrasten (nach Daten aus 3).

Sex dann jedoch schreiben, dass er die Aufmerksamkeit von der „komplexen Persönlichkeit" (3, S. 1489) des Partners ablenken und eher auf Details hinlenken würde, muss man sich fragen, wie sie das wohl im Einzelnen meinen.

Von dem berühmten Freiburger Neurologen und Neurobiologen Richard Jung sagt man, dass er zuweilen im Rahmen entsprechender Unterredungen mit Assistenten gesagt hat: „Was, Sie wollen heiraten? – Sie sind doch noch gar nicht habilitiert!"[3] Die hier diskutierten Experimente

3 Ich verdanke diese und viele andere Anekdoten aus dem Bereich der Neuro(bio)logie meinem geschätzten früheren Oberarzt Dr. Hans Zimmermann.

lassen diese zunächst eher abwegig erscheinende Haltung in einem ganz neuen Licht erscheinen. Als Mentor junger Wissenschaftler frage ich mich, ob man ihnen nicht empfehlen sollte, den Grundgedanken innovativer Forschung im Zustand akuter Verliebtheit zu entwickeln. Die Auswertung der Daten sowie die Abfassung der Habilitationsschrift kann dann durchaus mit einem nicht mehr rein platonischen, eher schon konsolidierten Stadium der Beziehung erfolgen, denn hierbei sollte man es an Genauigkeit nicht fehlen lassen.

Literatur

1. Bartels A. Die Liebe im Kopf. In: Spitzer M, Bertram W (Hrsg.). Hirnforschung für Neu(ro)gierige. Stuttgart: Schattauer 2010; 76–106.
2. Förster J, Friedman RS, Liberman N. Temporal construal effects on abstract and concrete thinking: Consequences for insight and creative cognition. Journal of Personality and Social Psychology 2004; 87: 177–89.
3. Förster J, Epstude K, Özelsel A. Why love has wings and sex has not: How reminders of love and sex influence creative and analytic thinking. Personality and Social Psychology Bulletin 2009; 35: 1479–91.
4. Friedman R, Förster J. The influence of approach and avoidance motor actions on creative cognition. Journal of Experimental Social Psychology 2002; 38: 41–55.
5. Friedman R, Förster J. Effects of motivational cues on perceptual asymmetry: Implications for creativity and analytical problem solving. Journal of Personality and Social Psychology 2005; 88: 263–75.
6. Friedman R, Förster J. Activation and measurement of motivational states. In: A. Elliott A (Hrsg.): Handbook of Approach and Avoidance Motivation. New York: Lawrence Erlbaum Mahwah 2008.

7. Griskevicius V, Cialdini RB, Kenrick DT. Peacocks, Picasso, and parental investment: The effects of romantic motives on creativity. Journal of Personality and Social Psychology 2006; 91: 52–66.
8. Schnall S, Jaswal VK, Rowe C. A hidden cost of happiness in children. Developmental Science 2008; 11: F25–F30.
9. Spitzer M. Gefühle be-schreiben: Wissenschaft und Liebesbriefe. In: Liebesbriefe & Einkaufszentren. Stuttgart: Schattauer 2008; 1–6.
10. Spitzer M. Mord und Moral im Namen Gottes? Zusammenhänge, deren Abwesenheit und Aufklärung. In: Liebesbriefe & Einkaufszentren. Stuttgart: Schattauer 2008; 41–57.
11. Spitzer M. Beobachtet werden. „Gott“ bahnt Gutes und ein Beitrag zur Psychologie der Kaffeekasse. In: Liebesbriefe & Einkaufszentren. Stuttgart: Schattauer 2008; 58–71.
12. Spitzer M. Gemeinschaft wärmt. Metaphern und Körperlichkeit (I). In: Das Wahre, Schöne, Gute. Stuttgart: Schattauer 2009; 89–98.
13. Spitzer M. Sich rein waschen. Metaphern und Körperlichkeit (II). In: Das Wahre, Schöne, Gute. Stuttgart: Schattauer 2009; 99–107.
14. Spitzer M. Die Farben den Denkens. In: Aufklärung 2.0. Stuttgart: Schattauer 2010; 175–85.
15. Spitzer M. Aufklärung 2.0. Stuttgart: Schattauer 2010.
16. Spitzer M, Bertram W. Braintertainment. Stuttgart: Schattauer 2007.

10 Grün kaufen – egoistisch handeln?

Schon mehrfach habe ich mich mit unbewussten Prozessen beschäftigt, durch welche unsere moralisch mehr oder weniger korrekten Handlungen beeinflusst werden: Bilder von Geldscheinen führen zu mehr Egoismus, soziale Kälte fühlt sich wirklich kalt an, wer sich wäscht, kann sich hinterher unmoralischer verhalten, Bilder von teuren Restaurants produzieren bessere Tischmanieren und die Betrachtung des Logos der Firma *Apple* führt zu kreativeren Verhaltensweisen (1, 3, 6–9). Für diese nicht bewussten assoziativen Prozesse sind Bahnungsphänomene verantwortlich, die automatisch und sehr rasch ablaufen. Zwei Psychologen der Universität von Toronto (4) gingen der Frage nach, welche Verhaltensweisen durch „grüne Produkte" gebahnt werden.

Zum einen wäre zu vermuten, dass Biogemüse, Holzbausteine und Fahrräder so etwas wie soziale Verantwortung und positive moralische Werte automatisch aktivieren. Dies würde entsprechende Verhaltensweisen nach sich ziehen, sodass man argumentieren kann, dass umweltfreundliche Waren durch automatisierte Bahnungseffekte Menschen auch in moralischer Hinsicht zum Besseren animieren. Es könnte aber auch sein, dass es so ähnlich ist wie beim Waschen: Wer sich (von seinen Sünden) rein wäscht, der kann sich danach moralisch bedenklicher verhalten.

Entsprechende empirisch immer wieder nachgewiesene Verhaltensweisen scheinen darauf zu beruhen, dass viele Menschen eine Art innere „Exceltabelle" mit sich herumtragen, in denen ihre guten und bösen Taten aufgeführt und miteinander verrechnet werden. „Unter dem Strich" steht dann die Summe aller Taten, die so lange unverändert ist, wie schlechte Taten durch gute wieder aufgehoben werden. Diese Art der psychologischen Aufrechnung von moralischem Gut und Böse lag wohl auch dem in der Renaissance blühenden Ablasshandel zugrunde, einem der Auslöser der Reformation.

Daher könnte gelten, dass einige gute Taten, wie beispielsweise der Kauf umweltfreundlicher Produkte, dazu führen, dass in der Folge einige moralisch eher fragwürdigere Taten ausgeführt werden; es könnte also sein, dass grüne Einkäufe die Wahrscheinlichkeit moralisch fragwürdigen Verhaltens erhöhen. Was machen nun grüne Produkte mit uns: Machen sie uns zu besseren oder zu schlechteren Menschen?

Um mehr Klarheit zu schaffen, führten die Autoren drei Experimente durch. Im ersten Experiment wurden 59 Studenten (32 weiblich) gebeten, eine Person, die entweder biologische bzw. umweltfreundliche Produkte einkauft, oder eine Person, die konventionelle Nahrungsmittel oder Produkte einkaufte, im Hinblick auf Kooperativität, altruistisches Verhalten und ethische Qualitäten zu beurteilen. Hierbei stellte sich heraus, dass Menschen, die biologische bzw. umweltfreundliche Produkte einkaufen, von anderen Menschen für kooperativer, altruistischer und moralisch besser eingeschätzt werden. Das Experiment bestätigte also das (Vor-)Urteil, dass „grün" bzw. „umweltfreundlich" mit „moralisch gut" assoziativ verknüpft ist (Abb. 10-1).

Im zweiten Experiment mit 156 Studenten (95 weiblich) wurde ein 2x2-Design verwendet. Nach zufälliger Aufteilung in vier Gruppen wurde mit den Versuchspersonen wie folgt verfahren: Sie wurden in einen kleinen Raum geführt, in dem sich ein Computer befand, dessen Bildschirm einen Online-Laden präsentierte. Es wurden entweder vor allem (75%) grüne und umweltfreundliche Produkte am Bildschirm feilgeboten, oder vor allem (75%) konventionelle Produkte. In der Einkaufsbedingung wurde den Probanden weiterhin gesagt, dass sie die Möglichkeit hatten, Produkte bis zu einem Wert von 25 Dollar in einen Warenkorb zu legen und einzukaufen. In der anderen Bedingung (Sehen)

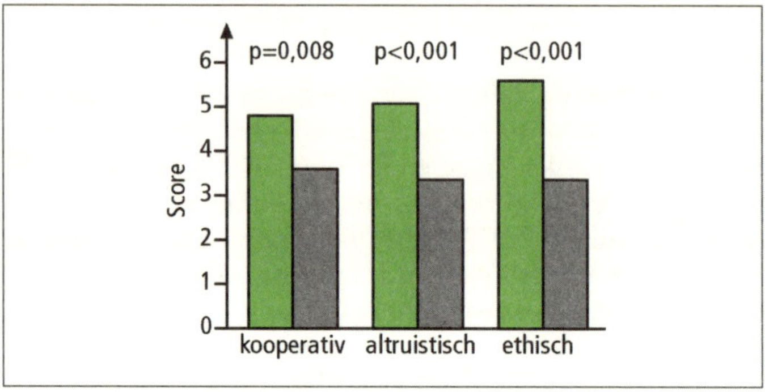

Abb. 10-1 Einschätzung der Kooperativität, des Altruismus und der „Ethik" eines Menschen, von dem man nichts weiter weiß, als was er einkauft. „Grün einkaufen" wird moralisch höher bewertet als konventionelles Einkaufen (nach Daten aus 4).

konnten die Probanden die Waren lediglich betrachten. Danach wurde den Versuchspersonen mitgeteilt, dass eine weitere Aufgabe auszuführen sei, bei der es sich um eine Art *Diktatorspiel* handelte (und das in völliger Anonymität mit einem vermeintlichen zweiten Mitspieler gespielt würde). Die Versuchsperson erhielt sechs Dollar und konnte diesen Betrag nach eigenem Gutdünken mit der zweiten Person teilen. Diese zweite Person konnte den ihr von der ersten Person überlassenen Betrag annehmen oder nicht, ohne dass dies allerdings Konsequenzen für die erste Person hatte. Jeder Versuchsperson wurde klar versichert, dass sie nach dem Spiel mit dem Geld, so wie von ihr aufgeteilt, nach Hause gehen könne.

Der Zweck des Experimentes war, den Einfluss des vorherigen Kaufens oder Betrachtens umweltfreundlicher bzw. konventioneller Produkte auf das nachfolgende altruistische Verhalten zu untersuchen.

Hierbei zeigte sich, dass weder der Typ des Online-Ladens (umweltfreundlich versus konventionell) noch die Art der Handlung (reines Betrachten des Angebots versus Einkaufen) einen Einfluss auf das nachfolgende altruistische Handeln hatte, es jedoch zu einer Interaktion zwischen dem angebotenen Produkttyp und der Handlungsweise kam: Wer grüne Produkte lediglich betrachtete, gab hinterher dem anderen mehr Geld von seinem ab als wer konventionelle Produkte betrachtete. Das umgekehrte Muster ergab sich beim Einkaufen: Wer gerade mehr grüne Produkte eingekauft hatte, teilte weniger Geld mit einem Fremden als der, der gerade konventionelle Produkte eingekauft hat (Abb. 10-2).

In einem dritten Experiment mit 90 Studenten (56 weiblich) ging es um die Frage, ob grüne Einkäufe zu moralisch noch verwerflicheren Handlungen wie einer vermehrten Bereitschaft zum Lügen oder gar zum Stehlen führen. Die Versuchspersonen wurden wiederum entweder mit dem konventionellen oder dem umweltfreundlichen Online-Laden konfrontiert und fanden am Schreibtisch neben dem Computer noch einen Umschlag vor, der insgesamt fünf Dollar in Form von Münzgeld enthielt. Man sagte den Versuchspersonen, dass sie eine ganze Reihe unterschiedlicher nicht miteinander in Verbindungen stehender Aufgaben zu bewältigen hatten. Zunächst mussten die Versuchspersonen wieder Einkäufe tätigen, jeweils nach Zufall aufgeteilt, entweder im umweltfreundlichen oder im konventionellen Laden. Bei der zweiten Aufgabe handelte es sich um einen Test zur visuellen Wahrnehmung: Sie sahen auf dem Computerbildschirm ein Rechteck, das durch eine Diagonale geteilt wurde, in dem dann für eine Sekunde 20 über das gesamt Rechteck verteilte Punkte zu sehen waren. Aufgabe der Versuchspersonen war, eine von zwei Tasten zu drücken, um anzugeben, ob jeweils mehr Punkte auf der rechten oder auf der linken Seite der Diagonale zu sehen waren. Den Versuchspersonen wurde mitgeteilt, dass sie einen hal-

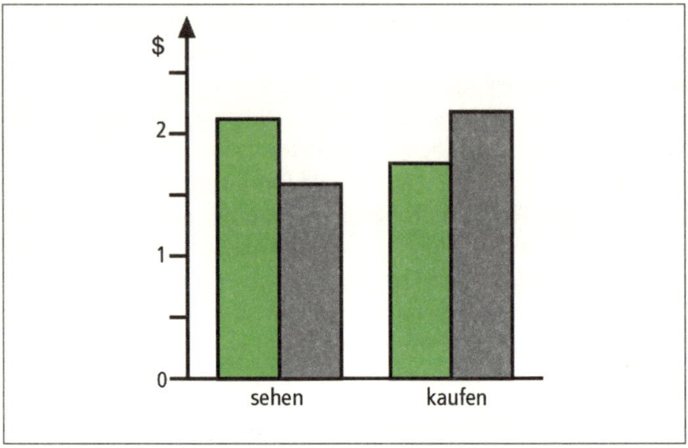

Abb. 10-2 Menge des von der ersten Person (von sechs Dollar) an die zweite Person gegebenen Geldes in Abhängigkeit von der Produktart (grün oder konventionell, in der Abb. grau) und der Handlung (betrachten oder kaufen). Grüne Produkte betrachten bewirkt mehr Großzügigkeit als das Betrachten konventioneller Produkte. Beim Kaufen ist es umgekehrt: Wer grüne Produkte gekauft hat, verhält sich nachher egoistischer als nach dem Kauf konventioneller Produkte ($p = 0{,}037$ für die Interaktion; nach Daten aus 4).

ben Cent für jeden Versuchsdurchgang bekommen, bei dem sie angaben, dass sich mehr Punkte auf der linken Seite befänden, und fünf Cent für jeden Durchgang, bei dem sie angaben, dass sich mehr Punkte auf der rechten Seite befänden. Dabei waren die Punkte so auf dem Rechteck arrangiert, dass jeweils völlig klar war auf welcher Seite der Diagonale mehr Punkte lagen (15 versus 5, 14 versus 6 bzw. 13 versus 7). Die richtige Antwort zu geben war in dem Experiment also relativ einfach, und den Versuchspersonen wurde zudem mitgeteilt, dass es wichtig war, dass sie so akkurat wie möglich reagierten.

Im Rahmen eines „Übungsexperiments" aus 30 Durchgängen (ohne Bezahlung) lernten die Probanden, dass ihre hypothetischen Einkünfte, die am oberen Rand des Bildschirms jeweils angezeigt wurden, nur von ihrer Reaktion abhingen, nicht jedoch von der Richtigkeit ihrer Antwort. „Damit war klar, dass wenn das wirkliche Spiel los geht, ein klares Dilemma zwischen der Angabe der richtigen Antwort einerseits und lügen, um mehr Geld zu verdienen, andererseits vorlag", kommentieren die Autoren ihren Versuchsaufbau (4, Übers. durch den Autor).

Das eigentliche Experiment bestand aus 90 Durchgängen, wobei sich in 36 Durchgängen mehr Punkte auf der rechten als auf der linken Seite befanden. Sofern die Versuchspersonen die Aufgabe also zu 100% genau erledigten, würden sie $36 \times 5 + 54 \times 0{,}5 = 180 + 27 = 207$ Cent erhalten. Wie Abbildung 10-3 zeigt, neigten die Versuchspersonen, die zuvor im umweltfreundlichen Laden eingekauft hatten,

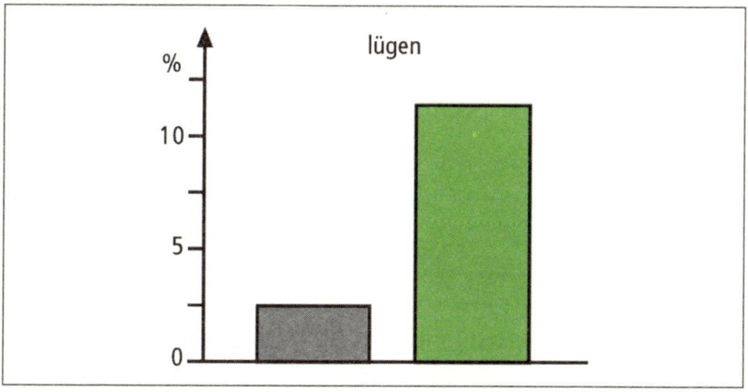

Abb. 10-3 Prozentsatz der Lügen in den Reaktionen auf die einfache visuelle Aufgabe in Abhängigkeit von der Art der gekauften Produkte (grün oder konventionell, in der Abb. grau). Das Kaufen grüner Produkte bewirkt mehr unwahre Angaben danach (nach Daten aus 4).

signifikant stärker dazu, sich buchstäblich in die Tasche zu lügen als die Versuchspersonen, die im konventionellen Laden eingekauft hatten. Deren Verhaltensweisen waren statistisch nicht von der moralischen Norm verschieden.

Die Versuchspersonen hatten in diesem Experiment jedoch nicht nur die Möglichkeit zu lügen, sie konnten auch stehlen: Nach dem letzten Versuchsdurchgang wurde ihnen oben am Bildschirm angezeigt, wie viel sie insgesamt verdient hatten. Danach wurde ihnen gesagt, dass sie diesen Verdienst aus dem Umschlag selbst entnehmen konnten. Hierbei hatten die Versuchspersonen natürlich die Möglichkeit, sich mehr Geld zu nehmen als angezeigt war. Wiederum ergab sich, dass der Kauf grüner Produkte auch auf das nachfolgende Stehlen einen Einfluss hatte: Wer im konventionellen Laden eingekauft hatte, zahlte sich im Mittel acht Cent mehr aus. Wer hingegen im grünen Laden eingekauft hatte, spendierte sich großzügig 56 Cent mehr (Abb. 10-4). Insgesamt hatten nach dem Experiment die Einkäufer im grünen Laden durch Lügen und Stehlen 83 Cent mehr in der Tasche als die Einkäufer im konventionellen Laden. Der Unterschied war mit $p < 0,001$ hoch signifikant.

Ob „grün" also die Moral oder das Unmoralische bahnt, hängt davon ab. Die Wahrnehmung von „grün" bzw. „umweltfreundlich" bahnt zunächst einmal Kooperativität, Altruismus und moralisch anständiges Verhalten. Beim Einkaufen jedoch kommt der Geschäftsmann in uns ins Spiel, der alles aufrechnet und mit allem handelt, auch mit Gut und Böse. Eine gute Tat erhöht durch diesen Mechanismus die Wahrscheinlichkeit einer nachfolgenden bösen Tat, und so kann umweltfreundliches Konsumverhalten zu unsozialem Verhalten führen: Grün kaufen führt zu Lügen und Diebstahl.

Die beschriebenen ungünstigen Bahnungseffekte durch das Kaufen umweltfreundlicher Produkte sind keineswegs

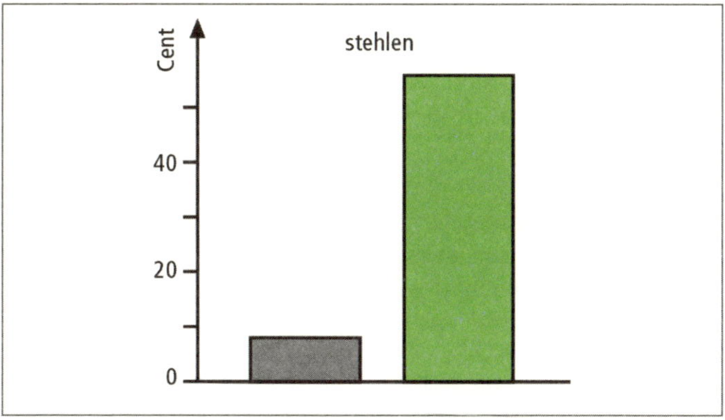

Abb. 10-4 Am Ende des dritten Experiments gestohlenes Geld in Abhängigkeit von der Art der gekauften Produkte (grün oder konventionell, in der Abb. grau). Das Kaufen grüner Produkte bewirkte, dass ein signifikant höherer Geldbetrag gestohlen wurde (nach Daten aus 4).

nur von akademischem Interesse. Sie könnten beispielsweise ein Grund dafür sein, dass manche Anstrengungen in Richtung auf ökologischere Verhaltensweisen keine Früchte tragen. So zeigte sich in Großbritannien, dass Hausbesitzer, die ihr Haus durch Modernisierung energieeffizienter gemacht hatten, dazu neigen, die Heizung wärmer zu stellen oder länger laufen zu lassen (2). Besonders zu denken gibt jedoch die Tatsache, dass moralische Bahnungseffekte ganz allgemein zu generalisieren scheinen, wie sich bereits bei der Bahnung von Normverletzungen durch die sichtbare Verletzung anderer Normen gezeigt hatte (Graffiti oder Müll verdoppelt das Stehlen; 6, 7). Weil jedoch gilt, dass man unbewussten Effekten nur dann unterliegt, wenn man sie nicht kennt, sei an dieser Stelle wieder einmal betont, wie wichtig Aufklärung durch Wissenschaft im Sinne einer besseren Selbsterkenntnis tatsächlich ist. Wer grün kauft, sollte also hinterher gut auf sich aufpassen!

Literatur

1. Aarts H, Dijksterhuis A. The silence of the library: Environmental control over social behavior. Journal of Personality and Social Psychology 2003; 84: 18–28.
2. Aldhous P. Exposed: green shoppers' dirty little secrets. New Scientist 2010; 205(2753): 11.
3. Fitzsimons GM, Chartrand TL, Fitzsimons GJ. Automatic effects of brand exposure on motivated behavior: How Apple makes you "think different." Journal of Consumer Research 2008; 35: 21–35.
4. Mazar N, Zhong C-B. Do green products make us better people? Psychological Science 2010; 21: 494.
5. Spitzer M. Unordnung ist nicht in Ordnung: Graffiti und die Verletzung sozialer Normen. In: Aufklärung 2.0. Stuttgart: Schattauer 2010; 89–101.
6. Spitzer M. Fettnäpfchen und weiße Bären. In: Aufklärung 2.0. Stuttgart: Schattauer 2010; 102–14.
7. Spitzer M. Geist in Bewegung. In: Aufklärung 2.0. Stuttgart: Schattauer 2010; 83–8.
8. Spitzer M. Gemeinschaft wärmt. Metaphern und Körperlichkeit (I). In: Das Wahre, Schöne, Gute. Stuttgart: Schattauer 2010; 89–98.
9. Spitzer M. Sich rein waschen. Metaphern und Körperlichkeit (II). In: Das Wahre, Schöne, Gute. Stuttgart: Schattauer 2010; 99–107.

11 Gesundheitsbildung

Michael Marmot ist einer der bekanntesten wissenschaftlich tätigen Ärzte in Großbritannien. Sein Fachgebiet ist die Epidemiologie, und er erreichte internationale Bekanntheit durch die *Whitehall-Studien* I und II (1). In der ersten wurden männliche britische Beamte im Alter von 20 bis 64 Jahren über zehn Jahre beobachtet, und man fand einen deutlichen Einfluss des sozialen Status auf die Sterblichkeit an einer ganzen Reihe von Erkrankungen. Männer der untersten sozialen Stufe (Pförtner, Briefträger) hatten eine dreimal höhere Mortalitätsrate als hohe Verwaltungsbeamte. Die zweite Whitehall-Studie an 10 308 männlichen und weiblichen Beamten in Londoner Büros begann 1985 und ist noch immer nicht beendet, obwohl auch für sie bereits erste Datenanalysen vorliegen (2). Beide Studien zusammengenommen hatten zwei Ergebnisse, die die internationale wissenschaftliche Gemeinschaft aufhorchen ließen, sind sie doch letztlich für jeden Menschen relevant: Erstens ist es nicht der Fall, dass Menschen mit höherem sozioökonomischem Status ein höheres Risiko aufweisen an Herz-Kreislauf-Erkrankungen zu versterben. Anders ausgedrückt: Es ist nicht der Fall, dass Manager Herzinfarkte bekommen und einfache Leute – gewissermaßen „von Berufs wegen" – davor geschützt sind. Vielmehr ist das Gegenteil der Fall: Je weiter unten man sich auf der sozialen Leiter befindet, desto höher ist das Risiko.

Zweitens konnte jeder Mittelschichtler sich selber früher mit der Annahme beruhigen, dass der Zusammenhang zwischen sozialer Schicht und Gesundheit letztlich auf der schlechten Gesundheit der untersten Schicht beruhe, wohingegen alle anderen sich einer guten Gesundheit erfreuen. Auch dies ist nicht zutreffend. Anders gewendet: Durch alle Schichten hindurch gilt: Je reicher, desto gesünder. So also auch für jemanden aus der Mitte der Gesellschaft, ganz gleich ob Mann oder Frau, dass ein anderer Mensch mit etwas höherer sozialer Stellung aufgrund eines etwas höheren Einkommens eine bessere Gesundheit als diese Person hat, und ein anderer, der etwas unter ihm auf der sozialen Leiter angesiedelt ist, über eine etwas schlechtere Gesundheit verfügt.

Interessanterweise geht es hierbei nicht um einzelne Krankheiten, sondern um ganz unterschiedliche wie beispielsweise Herz-Kreislauf-Krankheiten, einige Krebserkrankungen, chronische Lungenerkrankungen, Magen-Darm-Erkrankungen, Depression und sogar Selbstmord. Auch wenn man sich Krankheitstage am Arbeitsplatz, chronische Rückenschmerzen und das allgemeine Wohlbefinden bzw. Krankheitsgefühl anschaut, ergibt sich das gleiche Bild. Fragt man, warum dies so ist, ergibt sich ebenfalls keine einfache Antwort: Die Art der Organisation der Arbeit, das Arbeitsklima, soziale Einflüsse außerhalb der Arbeit, Erfahrungen in der frühen Kindheit sowie bestimmte Verhaltensweisen, die der Gesundheit förderlich sind (das Gesundheitsverhalten), stellen allesamt Einflussfaktoren dar, die mit dem sozioökonomischen Status einer Person und mit seiner Gesundheit variieren. Ein weiterer wichtiger von Marmot identifizierter Faktor ist die Bildung.

Noch einmal: Es geht in diesen Studien nicht um die Ärmsten der Armen, denn es wurden ja nur Beamte (und nicht etwa Hartz-IV-Empfänger bzw. das britische Äquivalent dazu) untersucht. Im Jahr 2000 wurde Michael Marmot von der englischen Königin zum Ritter geschlagen und von 2005 bis 2008 war er Vorsitzender einer Kommission der Weltgesundheitsorganisation, die mit den sozialen Einflüssen auf die Gesundheit der Menschen befasst war. Obwohl Marmot kein Bildungsforscher ist, steht Bildung für ihn sehr weit oben auf der Liste gesundheitsrelevanter Faktoren.

So fand er unter anderem, dass gebildete Menschen mit einem Universitätsabschluss gesünder sind und deutlich länger leben, als ungebildete. Aufgrund seiner Zahlen rechnet er für Großbritannien vor: „Für Menschen im Alter von 30 Jahren und älter gilt Folgendes: Wenn für jeden ohne Universitätsabschluss die Lebenserwartung auf diejenige von Menschen mit Abschlüssen gesteigert werden könnte, ergäben sich 202 000 weniger vorzeitige Todesfälle pro Jahr" und er fügt hinzu: „Und dies ist sicher ein Ziel, das sich anzustreben lohnt" (3; Übersetzung durch den Autor).

Die Zusammenhänge zwischen Gesundheit und Bildung durchziehen das Leben eines Menschen von der Wiege bis zur Bahre: Babys von ungebildeten Müttern kommen ungesünder zur Welt, nicht zuletzt deshalb, weil sie schon im Mutterleib die Folgen der mütterlichen Unbildung erleben: schlechte Ernährung, Rauchen, Alkohol- und Drogenkonsum sowie körperliche und seelische Traumatisierungen. Während der Geburt ist dann die Chance eines Babys zu versterben in jedem Land der Erde von der Bildung der Mutter abhängig. Diese wiederum ist abhängig vom Geld, das heißt, vom sozioökonomischen Status der Eltern.

Eine Studie aus Großbritannien, die langfristig angelegt war und über 17 000 Kinder einschloss, sei hier angeführt, weil sie sehr deutlich vor Augen führt, welche Auswirkungen Armut auf die Bildungsbiografie von Menschen hat (4). 1 292 Kinder wurden im Alter von 22 und 42 Monaten sowie 5 und 10 Jahren jeweils aufgesucht und umfangreichen Tests, auch im Hinblick auf ihre kognitive Leistungsfähigkeit, unterzogen, um die Entwicklung der Kinder über die Zeit hinweg zu untersuchen. Es handelt sich also um eine große Längsschnittstudie, deren Ergebnisse zudem aufgrund weiterer Rahmenbedingungen bzw. Faktoren als repräsentativ eingestuft werden können (3). Es ist keineswegs trivial, die geistige Leistung von Kindern über eine solch lange Spanne zu verfolgen. Man verliert nicht nur

Kinder aufgrund vielfältiger Wechselfälle des Lebens; es liegt auch in der Natur der Tests, dass ein Vergleich über den hier beobachteten, langen Zeitraum nicht unproblematisch ist: Einen Lesetest kann man mit knapp Zweijährigen nicht durchführen, und ein Test, bei dem es um die Fähigkeit geht, Holzklötze zu stapeln, ist bei Schulkindern nicht mehr sinnvoll. Man hat dieses Problem dadurch zu lösen versucht, dass man eine Vielzahl von Tests verwendete und die Kinder nach ihrem Abschneiden einfach nach ihrem jeweiligen Leistungsrang ordneten (z. B. Bester, Zweitbester). Es stellt sich heraus, dass diese Rangordnungen über die Zeit erstaunlich stabil sind – letztlich ein Ergebnis, das auch in der Intelligenzforschung immer wieder zu Tage tritt. Betrachtet man nun den Verlauf von Kindern im Hinblick auf ihren durchschnittlichen Rangplatz in einer ganzen Reihe von Tests, dann hat man ein Maß für die Entwicklung von deren geistiger Leistungsfähigkeit.

In der Studie zeigte sich zunächst, dass bereits die Testergebnisse im Alter von 22 Monaten das erreichte berufliche Niveau im Alter von 26 Jahren (dem letzten Beobachtungszeitpunkt) recht gut vorhersagen konnten. Man bildete hierzu anhand objektiver Messgrößen drei Gruppen des beruflichen Bildungsniveaus – ungelernt (14,4%), mittlere berufliche Bildung (46%) und höhere Bildung (39,4%) – und bestimmte den Anteil der Personen mit der jeweils erreichten Ausbildung im Alter von 26 Jahren innerhalb von vier Gruppen, die man aufgrund der Testergebnisse im Alter von 22 Monaten durch Viertelung der Gesamtgruppe nach den Testergebnissen bilden konnte. In Abbildung 11-1 sind diese Zahlen für das unterste und oberste Viertel (Quartil) dargestellt. Man sieht beispielsweise, wie viel Prozent der Kinder, die mit 22 Monaten in ihrer geistigen Entwicklung im unteren Viertel lagen, keine Ausbildung bzw. eine hohe berufliche Qualifikation erreicht haben (schwarze Säulen). Man sieht auch, dass kognitive Fähigkeiten, so-

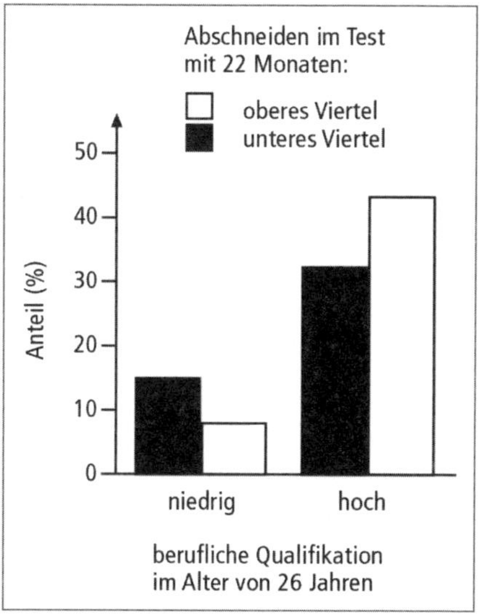

Abb. 11-1 Abhängigkeit der beruflichen Qualifikation im Alter von 26 Jahren von Testergebnissen, die im Alter von 22 Monaten erhoben wurden (nach Daten aus 4).

weit sie im Alter von knapp zwei Jahren schon sichtbar werden, durchaus weitreichende Folgen haben können: Wer als Kleinkind kognitiv im oberen Viertel liegt, hat nur mit etwa halber Wahrscheinlichkeit keine Berufsausbildung mit Mitte 20 (Säulen links) und eine um 25% größere Chance, gut qualifiziert zu sein (Säulen rechts; jeweils im Vergleich zum unteren Viertel). Die Daten zeigen jedoch auch, dass frühe Begabung kein Schicksal sein muss. Gruppiert man die Kinder nach ihrem Rangplatz im Alter von 22 Monaten, betrachtet wieder nur das obere und untere Viertel, teilt sie nach dem sozioökonomischen Status der Eltern zur Hälfte in arm und reich ein und trägt dann ihren Rangplatz über den weiteren Verlauf der Zeit auf, so findet sich ein starker Einfluss des sozioökonomischen Status der Eltern auf den langfristigen Verlauf der geistigen Entwicklung der Kinder (Abb. 11-2).

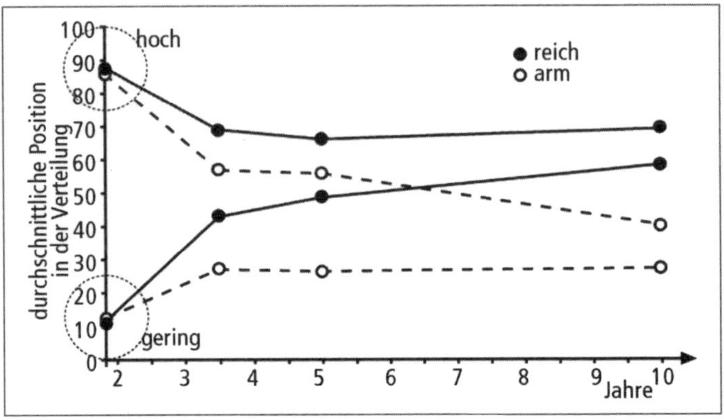

Abb. 11-2 Verlauf der geistigen Entwicklung von Kindern, die im Alter von 22 Monaten im oberen Viertel bzw. im unteren Viertel der geistigen Leistungsfähigkeit lagen in Abhängigkeit vom sozioökonomischen Status der Familie, in der sie aufwuchsen (nach Daten aus 4).

Halten wir fest: Beim Problem der sozialen Gerechtigkeit bzw. bei sozialen Umverteilungsprozessen geht es somit nicht nur um die gerechtere (gleiche) Verteilung von Geld, sondern auch von Lebenserwartung und Bildung. Man muss sich hierbei klar machen, dass weder die Medizin noch die Bildung bzw. das entsprechende „System" für sich genommen für einen Ausgleich sorgen kann, der durch ungerechte Verteilung von Geld bedingt ist. Es ist zu viel verlangt, wenn man der Medizin oder der Bildung allein das Problem sozialer Ungerechtigkeit aufsattelt, ohne es zugleich auch dort anzupacken, wo es entsteht. Anders gesagt: Armutsbekämpfung gehört zu den wirksamsten Maßnahmen für Gesundheit und Bildung. Sie kann aber nicht die Aufgabe des Gesundheits- und Bildungssystems sein.

Literatur

1. Marmot MG et al. Employment grade and coronary heart disease in British civil servants. Journal of Epidemiology and Community Health 1978; 32: 244–9.
2. Marmot MG et al. Health inequalities among British civil servants: the Whitehall II study. Lancet 1991; 337: 1387–93.
3. Marmot MG et al. Fair Society, Healthy Lives. The Marmot review. Strategic Review of Health Inequalities in England post-2010 (www.ucl.ac.uk/gheg/marmotreview) 2010.
4. Feinstein L. Inequality in the early cognitive development of British children in the 1970 cohort. Economica 2003; 70: 73–97.

12 Schnell leben und jung sterben

Schnell leben und jung sterben – man wünscht sich beides nicht! Lieber alles etwas gemütlicher angehen und dafür alt werden. Und selbstverständlich dabei gesund bleiben. Im Tierreich gilt dies nicht unbedingt: Wer dauernd vielen Gefahren ausgesetzt ist, der tut gut daran, sich auf das Hier und Jetzt zu konzentrieren: Warum in die Zukunft investieren, wenn diese unsicher ist? Haben Sie schon einmal darüber nachgedacht, warum Fliegen sprichwörtlich nur Tage leben und Mäuse mit einem Jahr schon Alterserscheinungen zeigen, Elefanten jedoch locker 60 Jahre alt werden und Grönlandwale sogar ein Höchstalter von 200 Jahren erreichen? – Neben der Körpermasse (die 65% der Varianz der Sterblichkeit erklärt; 15) spielt vor allem die Lebenserwartung eine Rolle: Fliegen und Mäuse sterben selten an Altersschwäche. Elefanten und Wale hingegen haben keine natürlichen Feinde und können somit ein langes Leben erwarten. Kurz: Von Mäusen, die ihr Leben eher gemütlich angingen, stammen die heute lebenden Mäuse nicht ab! Kurz und schnell – so heißt die Devise in unsicheren und gefährlichen Zeiten. Aber nicht nur zwischen den Arten gibt es Unterschiede in der Überlebens- und Fortpflanzungsstrategie. Auch innerhalb einer Art kann es diese geben, verursacht durch rasch wechselnde, gravierende Unterschiede in der Umgebung: Wenig Nahrung und viel Bedrohung durch Keime, Parasiten und Feinde bedeutet geringe Lebenserwartung. Man kann nichts auf die lange Bank schieben und pflanzt sich entweder mit jungen Jahren fort – oder andernfalls gar nicht.

Kaum bekannt sind neuere Studien, die nahe legen, dass es einen solchen Effekt auch beim Menschen gibt (22, 24). Der zugrunde liegende Gedanke ist sehr einfach: Ist alles in ruhigem Fahrwasser, dann kann man sich mit dem Leben Zeit lassen. Ist die Umgebung hingegen instabil und mit vielen bösen Überraschungen gespickt, dann hinterlassen nur diejenigen Nachkommen, die kurz und schnell leben (6). Man weiß schon lange, dass die Lebenserwartung eines Menschen von seinem sozioökonomischem Status abhängt (wer reich ist, lebt länger). Dass Menschen aus ärmeren Schichten dazu neigen, früher Kinder zu bekommen, sorgte sogar für deren Bezeichnung: Das lateinische Wort „Proles" bedeutet „Nachkomme", und die Unterschicht hieß lange „Proletariat", weil sie sich dadurch auszeichnete, dass es dort viele Nachkommen gab.[1] Man wusste bereits, dass in Unterschichtfamilien die Kinder bei der Geburt weniger wiegen, dann weniger lange gestillt und insgesamt weniger gut versorgt werden. Man vergleiche einmal die vielen Berichte von Oberschichtkindern, die – kaum geschlüpft – schon in Chinesisch-, Ballett-, und Musikkurse gesteckt werden (23) mit den Daten zum durchschnittlichen Medienkonsum. Diese zeigen, dass gerade die Kleinen aus der Unterschicht vor multiplen Flimmer- und Klimperkästen verdumpfen und verdummen (19, 20).

Eine große Studie zeigt anhand internationaler Vergleichsdaten aus 158 Staaten den Zusammenhang zwischen Lebenserwartung und Alter beim ersten Kind deutlich (12). Eine britische Studie (14) zeigt nun zudem, dass der Zusammenhang zwischen Lebenserwartung und Alter beim ersten Kind nicht nur für den Vergleich zwischen Nationen gilt, sondern auch für den Vergleich unterschiedlicher Gegenden innerhalb einer Nation bei ganz normalen Fami-

1 Da sich dies mit der breiten Verwendung oraler Antikonzeptiva seit etwa 50 Jahren grundlegend geändert hat, musste ein neuer Begriff her, und man spricht heute von Menschen in prekärer Lage in ihrer Gesamtheit als dem Prekariat.

lien[2] besteht. Diese Studie an 8 660 Familien lieferte Indizien dafür, dass diese Effekte der Lebensumstände auf die nächste Generation keine Zufallsereignisse sind, sondern vor einem evolutionären Hintergrund wie Puzzlesteine ein Gesamtbild ergeben. Der Autor setzte sechs wesentliche lebensgeschichtliche Eckdaten

- Alter beim ersten Kind,
- Geburtsgewicht des Kindes,
- Dauer der Stillzeit,
- mütterliche Fürsorge,
- väterliche Fürsorge sowie
- Kontakt zur Großmutter[3]

zur Qualität der Wohngegend in Beziehung. Diese Qualität wurde für 32 000 nachbarschaftliche Gebiete (Wohngegenden mit durchschnittlich etwa 1 500 Einwohnern) mit dem *Index multipler Deprivation* gemessen, einer Zusammenfassung aus einer ganzen Reihe von Merkmalen wie Einkommen, Arbeitslosigkeit, Krankenstand, Bildung, Wohneigentum, Vorhandensein von Dienstleistungen, Kriminalitätsrate und Lebensqualität. Wendet man diese Skala auf alle 32 000 Wohngegenden an, ordnet die Gegenden

2 Um die Interpretation der Daten zu erleichtern und den Faktor „Rasse“ als konfundierende Variable von vorne herein auszuschließen, wurden nur Familien kaukasischer ethnischer Zugehörigkeit („white British“) in die Studie einbezogen.

3 Über deren Bedeutung – im Gegensatz zum eher unbedeutenden Großvater – war an dieser Stelle schon vor einigen Jahren berichtet worden (17). In der vorliegenden Studie wurden die Auswirkungen der Großmütter mütterlicherseits untersucht, da diese nach der Datenlage deutlich konsistenter bei der Aufzucht der Nachkommen helfen als die väterlichen Großmütter. Die Väter haben übrigens auch nur einen geringen Effekt, der sich in etwa einem Drittel der relevanten Studien zeigt (16).

dann der Reihe nach, und fasst dann jeweils 3200 in eine Gruppe zusammen, erhält man zehn Dezentile, also zehn Gruppen von Wohngebieten, von den 10% besten geordnet bis zu den 10% schlechtesten Wohngebieten.

Wenn es so ist, dass sozioökonomischer Status mit der allgemeinen Lebenserwartung in Zusammenhang steht, dann sollte sich zunächst einmal dieser Zusammenhang in den Daten zeigen. Wie aus Abbildung 12-1 hervorgeht, ist dies tatsächlich der Fall: Je besser das Wohngebiet, desto länger das Leben. Es zeigt sich zudem, dass sich die Qualität des Wohngebiets vor allem auf das Leiden auswirkt, das heißt, auf die Lebenszeit, während der man an einer chronischen Erkrankung leidet. Ein gutes Wohngebiet bewirkt

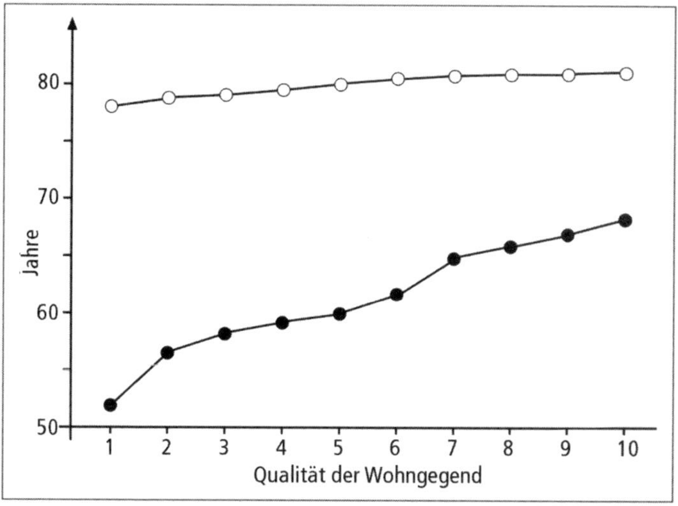

Abb. 12-1 Lebenserwartung (obere Kurve; offene Kreise) und Erwartung der Jahre eines gesunden Lebens (untere Kurve; schwarze Kreise) von Frauen in Abhängigkeit von der Qualität ihres Wohngebiets (nach Daten aus 1).

vor allem ein längeres *gesundes* Leben. Ein schlechtes Wohngebiet *verkürzt* die „brauchbare" Lebenszeit hingegen dramatisch!

Diese Messgrößen zu lebensgeschichtlichen Eckdaten variierten zu einem großen Teil signifikant mit dem Wohngebiet (als dem sozioökonomischen Status der Familie): In schlechten Wohngebieten sind die Mütter beim ersten Kind jünger, stillen für kürzere Zeit und das Geburtsgewicht der Kinder ist geringer (Abb. 12-2 und 12-3). Zudem ist der Vater mit höherer Wahrscheinlichkeit entweder gar nicht vorhanden oder kümmert sich weniger um das Kind, und ganz ähnlich ist dies bei den Großmüttern mütterlicherseits (Abb. 12-4). Die einzige Variable, die von der Qualität des Wohngebietes nicht beeinflusst wurde, war die mütterliche

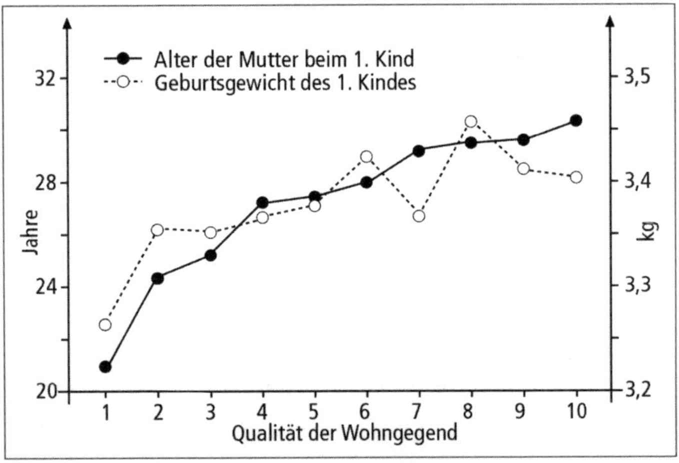

Abb. 12-2 Alter der Mutter bei der Geburt des ersten Kindes (schwarze Kreise, durchgezogene Linie) sowie Geburtsgewicht des ersten Kindes (weiße Kreise, gestrichelte Linie) in Abhängigkeit von der Qualität der Wohngegend (nach 14).

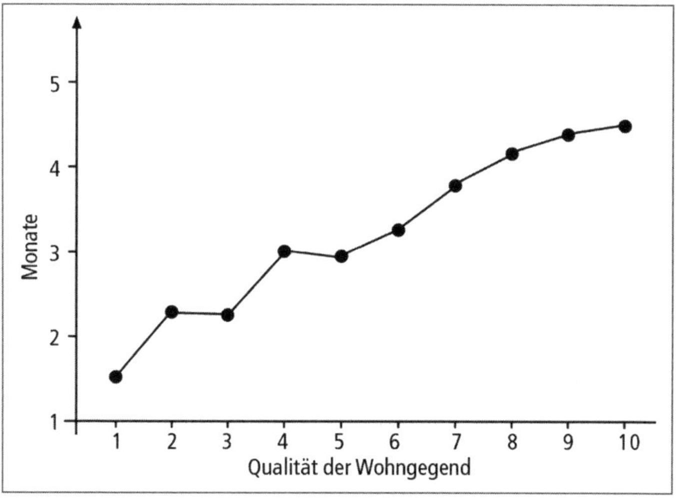

Abb. 12-3 Dauer der Stillzeit in Abhängigkeit von der Qualität der Wohngegend (nach 14).

Fürsorge, gemessen (wie auch die väterliche) als Zeit, die mit

- Vorlesen,
- Geschichten erzählen,
- Musizieren,
- Malen und Zeichnen,
- körperlich aktivem Spielen,
- gemeinsamem Spielen mit Spielzeug oder Brettspielen sowie
- dem Besuch von Spielplätzen verbracht wurde.

Die Mütter kümmern sich also in jeder sozialen Schicht in ähnlicher Intensität um ihre Kinder und sind deutlich mehr als die Väter mit der Erziehung beschäftigt (Mittelwert der mütterlichen Fürsorge: 3,18; Mittelwert der väterlichen:

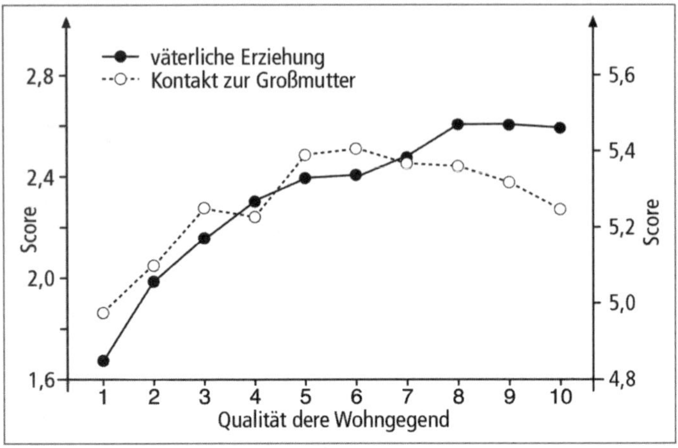

Abb. 12-4 Väterliches Einbringen in die Erziehung des Kindes (schwarze Kreise, durchgezogene Linie) und Häufigkeit des Kontaktes der Großmutter mütterlicherseits (weiße Kreise, gestrichelte Linie) in Abhängigkeit von der Qualität der Wohngegend (nach 14). Die Fürsorge des Vaters in der Erziehung wurde mit denselben Variablen erfasst wie die der Mutter.

2,29). Sie werden jedoch unterschiedlich stark von den Vätern und Großmüttern unterstützt. Und es scheint diese *zusätzliche* Unterstützung zu sein, die sich auf die Kinder auswirkt.

Der Autor der Studie interpretiert seine Daten dahingehend, dass der sozioökonomische Status die Auswirkungen auf „strategische“ Lebensentscheidungen hat, wie sie auch im Tierreich beobachtet werden. Damit ist ausdrücklich *nicht* gesagt, dass diese Entscheidungen bewusst getroffen werden (daher die Anführungszeichen um „strategisch“). Dies ist auch für die Validität der Theorie gar nicht erforderlich: Schließlich ist der Wahrheitsgehalt vieler anderer Theorien zu verschiedensten körperlichen oder seelischen

Prozessen unabhängig davon, ob wir uns dieser Prozesse bewusst sind oder nicht. Wir essen, wenn die Blutzuckerkonzentration abnimmt; trinken, wenn die Konzentration von Salzen im Blut zunimmt; atmen, wenn die Sauerstoffsättigung im Blut abnimmt; und wir wechseln vom Gehen zum Rennen, wenn sich die Zentrifugalkraft unseres Schwerpunkts unserem Körpergewicht nähert (18). In all diesen Fällen können wir willentlich entscheiden, was wir tun, und tun dies auch ganz selten einmal ganz bewusst. Meistens jedoch denken wir nicht darüber nach, sondern überlassen diese „Entscheidungen" unbewussten Prozessen. Diese können überhaupt nur aufgrund gesetzmäßiger Zusammenhänge funktionieren, deren theoretische Durchdringung Gegenstand der Wissenschaft war und noch ist. An einem Beispiel nochmals anders ausgedrückt: Richtig sprechen können und nicht in der Lage sein, die deutsche Grammatik aufzuschreiben, widerspricht sich nicht. Und ebenso wenig widerspricht es sich, von Gesetzmäßigkeiten unbewusster Entscheidungen zu sprechen.

Ganz allgemein wurde im Hinblick auf Familienstrukturen gefunden, dass es einen negativen Zusammenhang zwischen der Anzahl der Kinder und der elterlichen Fürsorge für jedes einzelne Kind gibt: Auf je mehr Kinder sich die elterliche Zeit, Aufmerksamkeit und Anstrengung (man spricht auch vom „elterlichen Investment") verteilt, desto weniger Ressourcen entfallen auf das einzelne Kind. Wer sowieso über wenige Ressourcen verfügt, sollte also eher in weniger Nachkommen investieren, um diese dann überhaupt „durchbringen" zu können. Wer dagegen reich ist, sollte einfach nur viele Nachkommen haben. Genau dies zeigt eine Studie zu den Lebensverhältnissen von Frauen im präindustriellen Finnland: Frauen aus ungünstigen sozioökonomischen Verhältnissen bekamen weniger Kinder, konnten sich aber besser um diese kümmern und auf diese

Weise die Zahl ihrer Enkel maximieren. Frauen aus guten Verhältnissen hingegen bekamen einfach nur viele Kinder, weil sie über die Ressourcen verfügen. „Reiche" Frauen konnten die Zahl ihrer Enkel also über die Zahl ihrer Geburten maximieren (8).

Auch im Hinblick auf das geschlechtsspezifische Paarungsverhalten von Lebewesen (einschließlich des Menschen) gibt es klare Muster bzw. Gesetzmäßigkeiten: Weil „weibliches Geschlecht" definitionsgemäß mit größerem Investment in die Nachkommen verbunden ist[4] als „männliches Geschlecht", ergeben sich unterschiedliche „Interessen" der Geschlechter. Auf den Menschen übertragen bedeutet dies: Frauen sind an langfristigen Ressourcen für die Aufzucht der Nachkommen „interessiert", Männer hingegen an Fruchtbarkeit. Dass dies keine „evolutionsbiologisch verbrämte chauvinistische Meinung" darstellt, sondern eine evolutionsbiologische Hypothese, die sich in vielerlei Hinsicht anhand von Daten überprüfen lässt, wird mittlerweile kaum noch bestritten (2).

Betrachten wir hierzu ein kürzlich publiziertes Beispiel, das zeigen mag, wie weit die evolutionsbiologischen Daten tragen können: Wenn der „Wert eines Mannes auf dem Heiratsmarkt" von dessen materiellen Ressourcen abhängt, der einer Frau von ihrer Fruchtbarkeit (die wiederum mit

---

4 Tatsächlich wird in der Biologie das Geschlecht des Vertreters einer Art dadurch festgelegt, dass die Individuen mit den größeren Reproduktionszellen „Weibchen" und die mit den kleineren Reproduktionszellen „Männchen" genannt werden. Dass die menschliche weibliche Eizelle größer ist als die menschliche männliche Samenzelle ist demnach kein empirischer Befund: Es folgt vielmehr aus der Definition dessen, was männlich und was weiblich genannt wird!

ihrer Attraktivität auf Männer eng korreliert ist[5]), und falls diese Werte geringer sind, je mehr Geschwister die jeweilige Person hatte, auf die sich die Fürsorge der Eltern verteilt (4, 14), dann sollte sich das elterliche Investment unterschiedlich auf Söhne und Töchter auswirken: Die Anzahl der Geschwister von Söhnen (und nicht Töchtern) sollte jeweils negativ mit dem Einkommen der Söhne zusammenhängen, wohingegen die Anzahl der Geschwister von Töchtern (und nicht Söhnen) negativ mit der Attraktivität der jeweiligen Tochter zusammenhängen sollte. Da diese schwer zu messen ist, kann man versuchen, sie indirekt darüber zu messen, wie hoch das Einkommen von deren Ehemännern ist (wer gut aussieht, erzielt bei der Paarung einen höheren „Marktwert", hat also einen vergleichsweise besser verdienenden Partner). Genau dies bestätigen Daten aus einer holländischen Studie an 3 229 Personen im Alter von 55 bis 85 Jahren, deren Lebensgeschichte im Einzelnen erfasst und statistisch ausgewertet wurde (10). Wie in Abbildung 12-5 dargestellt, macht die Anzahl der Geschwister bei Söhnen einen großen Unterschied darauf, welchen beruflichen Status sie erreichen. Bei Töchtern ist der Effekt hingegen deutlich geringer (der Unterschied des Effekts zwischen Söhnen und Töchtern war mit $p < 0,01$ signifikant). Umgekehrt verhielt es sich mit der Auswirkung der Anzahl der Geschwister auf den beruflichen Status des Ehepartners: Hier war der Effekt bei den Töchtern signifikant ($p < 0,03$) größer als bei den Söhnen.

5 Dies ist wiederum aus evolutionsbiologischer Sicht kein Zufall, sondern folgt vielmehr aus dem Wesen der Attraktivität selbst: Männer, die Frauen mit geringer Fruchtbarkeit attraktiv fanden, hatten definitionsgemäß weniger Nachkommen als diejenigen, die fruchtbare Frauen anziehend fanden. Langfristig entsteht so eine biologisch begründete Tendenz der Bevorzugung von Fruchtbarkeit, das heißt eine Ästhetik, die evolutionsbiologisch begründet ist (25).

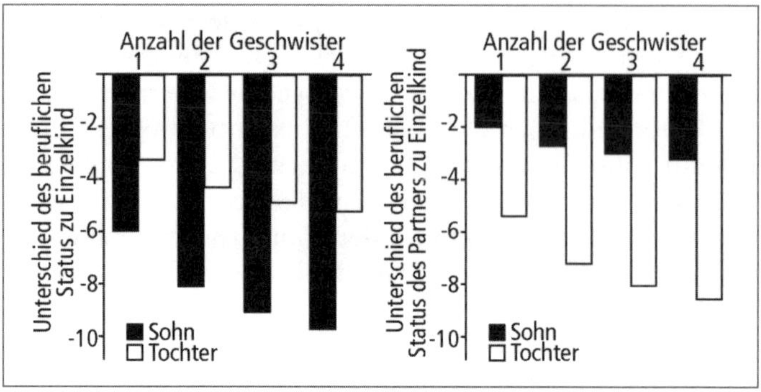

Abb. 12-5 Einfluss der Anzahl der Geschwister auf den beruflichen Status von Söhnen und Töchtern (unter Berücksichtigung des Effekts einiger relevanter Kontrollvariablen; links) und Einfluss der Anzahl der Geschwister auf den beruflichen Status des Ehepartners der Söhne und Töchter (rechts). Man sieht deutlich, dass sich die Anzahl der Geschwister bei Söhnen vor allem auf deren Beruf und bei Töchtern vor allem auf den Beruf des Partners auswirkt (nach 10).

Zurück zum Leben in Wohngebieten unterschiedlicher Qualität. Es mag zunächst eigenartig erscheinen, dass wichtige Lebensentscheidungen eines Menschen davon abhängen, wie sie oder er gerade lebt. Nettle gibt jedoch ein schönes Beispiel dafür, wie gesetzmäßig sich beim Betrachten des Durchschnitts die Dinge verhalten: „Nehmen wir einmal an, dass Frauen die Strategie verfolgen, das erste Kind zu dem Zeitpunkt zu bekommen, zu dem sie erwarten können, im Durchschnitt noch so lange gesund zu leben, bis das älteste Enkelkind fünf Jahre alt ist (und nehmen wir zudem an, dass der Zeitpunkt der ersten Geburt über die Generationen konstant bleibt). Setzen wir nun die Extremwerte für die gesunde Lebenserwartung aus Abbildung 12-1 in diese Strategie ein, dann sollten die Frauen aus den qualitativ schlechtesten Wohngebieten ihr erstes Kind mit

23,35 Jahren bekommen, wohingegen die Frauen aus den besten Wohngebieten damit warten können bis sie 31,75 Jahre alt sind. Ein Blick auf Abbildung 12-2 zeigt, dass dieser Unterschied sehr nahe an den tatsächlich beobachteten Werten liegt" (14; freie Übersetzung durch den Autor).

Was folgt? – Wir Menschen neigen dazu, den jeweils „anderen" die komplette „Schuld" für deren Lebensvollzug zuzuweisen. „Die sollen nicht so viele Kinder bekommen und 'nen Spaten in die Hand nehmen, dann würden sie ihr Leben besser in den Griff bekommen und es würde ihnen auch besser gehen!" – So oder so ähnlich klingt es in den Köpfen vieler Menschen, wenn es um die Gründe für das prekäre Schicksal vieler anderer Menschen geht. Betrachtet man jedoch die Lebensgestaltung unter evolutionsbiologischer Perspektive, so zeigt sich, dass sie auch als Anpassung an ungünstige Lebensverhältnisse verstanden werden kann. Dies „entschuldigt" nichts, aber es verhindert vorschnelle Vorverurteilung. Und es hat praktische Konsequenzen: Schnell leben, früh Kinder bekommen und früh sterben – dieser Lebensentwurf ist *keineswegs zwingend* Ausdruck von Dummheit, das heißt geringer Bildung und damit verbundenen unklugen Entscheidungen, wie manche meinen (5). Er lässt sich als Produkt der Anpassung an ungünstige Lebensbedingungen verstehen. Selbst der Mechanismus[6] dieses Prozesses ist teilweise bekannt: Armut in der Kindheit bewirkt mehr Stress für die Kinder, und dieser hat einen negativen Effekt auf deren Arbeitsgedächtnis und damit auf deren Fähigkeit kritisch reflektiert zu entscheiden (7). Und wenn dies alles so ist, dann besteht die Abhilfe nicht in besserer Beratung im Hinblick auf Ver-

6 Evolutionsbiologen unterscheiden zwischen „proximate cause" (Mechanismen) und „ultimate cause" (evolutionäre Rahmenbedingungen). *Beide* dienen dem Verständnis und dürfen gerade *nicht* gegeneinander ausgespielt werden.

hütung und Familienplanung, sondern in besseren strukturellen politischen Maßnahmen zur Verminderung von Ungleichheit und Armut.

Literatur

1. Bajekal M. Healthy life expectancy by area deprivation: magnitude and trends in England, 1994–1999. Health Stat Q 2005; 25: 18–27.
2. Buss D. The Evolution of Desire. New York: Basic Books 1994.
3. Chisholm JS. Death, hope, and sex: life-history theory and the development of reproductive strategies. Curr Anthropol 1993; 34: 1–24.
4. Downey DB. Number of siblings and intellectual development – The resource dilution explanation. Am Psychol 2001; 56: 497–504.
5. Duncan S. What's the problem with teenage parents? And what's the problem with policy? Crit Soc Policy 2007; 27: 307–34.
6. Ellis BJ, Figueredo AJ, Schlomer GL. Fundamental dimensions of environmental risk: the impact of harsh versus unpredictable environments on the evolution and development of life history strategies. Hum Nat 2009; 20: 204–68.
7. Evans GW, Schamberg MA. Childhood poverty, chronic stress, and adult working memory. Proc Natl Acad Sci USA 2009; 106: 6545–9.
8. Gillespie DOS, Russell AF, Lummaa V. When fecundity does not equal fitness: Evidence of an offspring quantity versus quality trade-off in pre-industrial humans. Proceedings of the Royal Society B-Biological Sciences 2008; 275: 713–22.
9. Hansen K, Hawkes D. Early childcare and child development. J Soc Policy 2009; 38: 211–39.
10. Kaptijn R, Thomese F, van Tilburg TG, Liefbroer AC, Deeg DJH. Low fertility in contemporary humans and the mate value of their children: sex-specific effects on social status indicators. Evol Hum Behav 2010; 31: 59–68.
11. Lawson DW, Mace R. Trade-offs in modern parenting: a longitudinal study of sibling competition for parental care. Evol Hum Behav 2009; 30: 170–83.

12. Low BS, Hazel A, Parker N, Welch KB. Influences on women's reproductive lives: Unexpected ecological underpinnings. Cross-Cultural Research 2008; 42: 201–17.
13. Macleod M. Die young, live fast: The evolution of an underclass. New Scientist 2010; 22 July, online first.
14. Nettle D. Dying young and living fast: variation in life history across English neighborhoods. Behavioral ecology 2010; 21: 387–95.
15. Promislow DEL, Harvey PH. Living fast and dying young: a comparative analysis of life-history variation amongst mammals. J Zool 1990; 220: 417–37.
16. Sear R, Mace R. Who keeps children alive? A review of the effects of kin on child survival. Evol Hum Behav 2008; 29: 1–18.
17. Spitzer M. Großmütter. Nervenheilkunde 2004; 23: 238–240.
18. Spitzer M. Entscheidungsfindung beim Blutegel. In: Liebesbriefe & Einkaufszentren. Stuttgart: Schattauer 2008; 175–84..
19. Spitzer M. Gemütlich dumpf. In: Aufklärung 2.0. Stuttgart: Schattauer 2010; 156–63..
20. Spitzer M. Multitasking – Nein danke! In: Aufklärung 2.0. Stuttgart: Schattauer 2010; 164–74..
21. Spitzer M. Schlau, verlässlich und – gesund! Psychologie und Lebenserwartung. In: Aufklärung 2.0. Stuttgart: Schattauer 2010; 71–8.
22. Walker R et al. Growth rates and life histories in twenty-two small-scale societies. Am J Hum Biol 2006; 18: 295–311.
23. Werle K. Very important babys. Kinder unter Erfolgsdruck. Der Spiegel, Spiegel Online, accessed 25.10.2010.
24. Wilson M, Daly M. Life expectancy, economic inequality, homicide, and reproductive timing in Chicago neighbourhoods. BMJ 1997; 314: 1271–4.
25. Dutton D. Aestetics and evolutionary psychology. In: Levinson J (Hrsg). The Oxford Handbook for Asthetics. New York: Oxford University Press 2003.

13 Der Blues der Väter

Im Verlauf der Schwangerschaft bzw. im Jahr nach der Geburt kommt es bekannterweise bei den Müttern nicht selten zu depressiven Episoden unterschiedlichen Schweregrades. Man spricht von Schwangerschaftsdepression und Wochenbettdepression, die auch *Post-partum-Blues* genannt wird. Sie ist häufig und tritt auch bei werdenden Vätern auf (1, 16). Nach einer 2004 publizierten differenzierten Metaanalyse der kanadischen Arbeitsgruppe um Heather Bennett wurden 714 Artikel zum Thema Schwangerschaftsdepression identifiziert, davon nach strengen Kriterien 21 Studien an 19284 Patientinnen ausgewählt, und die Häufigkeit einer Schwangerschaftsdepression (Prävalenz) im ersten Schwangerschaftsdrittel mit 7,4%, im zweiten Drittel mit 12,8% und im dritten mit 12,0% ermittelt (5). Die Prävalenz der Wochenbettdepression belief sich in einer anderen Metaanalyse auf 13% (20).

Ganz allgemein kann man von *peripartalen* (peri, griechisch: um ... herum; partus, lateinisch: Geburt) *maternalen* (mater, lateinisch: Mutter) affektiven Störungen sprechen, deren Bedeutung für Mutter, Vater und vor allem für das Kind gut dokumentiert sind: Ein hoher Prozentsatz von Ehen werden im Jahr nach der Geburt des ersten Kindes geschieden. Nicht immer muss die Ursache hierfür eine Depression der Mutter sein, aber man kann vermuten, dass dies sehr häufig eine Rolle spielt. Auch die negativen Auswirkungen einer mütterlichen Depression auf das Kind sind gut bekannt: Kinder von depressiven Müttern weisen Entwicklungsstörungen bzw. eine verzögerte Entwicklung auf, insbesondere im sozialen Bereich (4) sowie im Hinblick auf die Sprache.

Weil Männer bis noch vor wenigen Jahrzehnten sowieso keine Depression bekamen (allenfalls zum Trinker wurden oder sich bisweilen erhängten oder erschossen[1]), und weil man die entsprechenden psychopathologischen Zustände bei Frauen gerne einfach ursächlich auf „die Hormone“ schob, waren depressive Zustände bei werdenden und frischen Vätern, deren Hormone ja mit Schwangerschaft und Stillzeit nichts zu tun haben konnten, kein (Forschungs-)Thema. So führten Väter im Hinblick auf psychiatrische Komplikationen von Schwangerschaft und Geburt bis vor etwa einem Jahrzehnt noch ein eher stiefmütterliches – oder sollte man sagen: „stiefväterliches“? – Dasein (Abb. 13-1).

Dies hat sich geändert. Schon länger war aufgefallen, dass auch bei Vätern das Gründen einer Familie zu depressiven Zuständen führen kann. Mittlerweile liegen so viele Studien hierzu vor, dass Übersichten zum Problem geworden sind und sogar die erste Metaanalyse erschienen ist. In einer schönen Übersicht fasst Goodman (6) die Daten von 20 Studien zusammen und kommt zu dem Schluss, dass das Risiko einer postpartalen Depression bei Vätern im ersten Jahr nach der Geburt bei 1,2 bis 25,5% liegt, wobei sich dieses Risiko auf 24 bis 50% erhöht, wenn die Mutter ebenfalls an einer postpartalen Depression leidet. Die Depression der Väter beginnt etwas später nach der Geburt als die der Mütter (weil sie möglicherweise durch diese mitverursacht wird), dauert nicht selten Monate und ist leicht-

---

1 Wer dies für typische Vorurteile hält, sei beispielsweise durch eine US-amerikanische Übersicht aus dem *Journal of Family Issues* eines Besseren belehrt: „Verglichen mit Frauen neigen Männer dazu, ihre Verzweiflung nach außen durch Alkohol- oder Drogenkonsum sowie Überstunden abzureagieren. [...] Selbst wenn Männer ihre Depression zugeben, sind sie dennoch im Vergleich zu Frauen weniger gewillt, Hilfe zu suchen. [...] Und obwohl Frauen mehr Suizid*versuche* unternehmen als Männer, sterben viermal mehr Männer als Frauen durch Suizid [...] (9, Übersetzung und Hervorhebung durch den Autor).

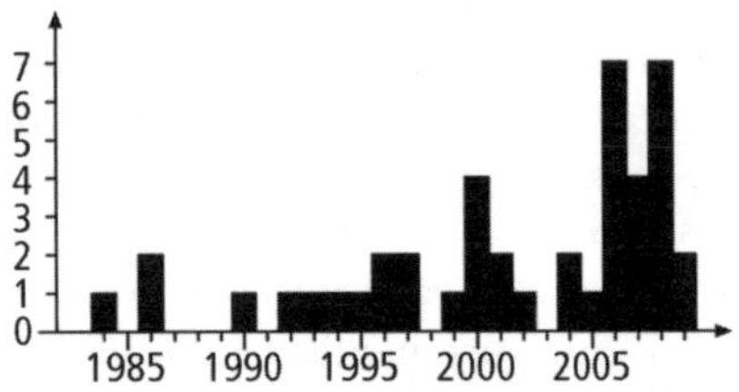

Abb. 13-1 Anzahl der ausgewerteten Studien zur väterlichen Depression im Zeitraum um die Geburt (nach Daten aus 22) von 1984 bis 2009. Man sieht deutlich deren Zunahme in den letzten zehn Jahren.

bis mittelgradig. Risikofaktoren sind eine bereits durchgemachte Depression sowie Partnerprobleme. Die Autoren der erwähnten Metaanalyse (22) identifizierten zunächst 489 publizierte Arbeiten, von denen 233 Duplikate ausgeschlossen wurden und weitere 163 aus anderen Gründen nicht verwendbar waren. Ein gründlicheres Studium der übrigen 93 Publikationen führte zum Ausschluss von weiteren 50 aus verschiedenen Gründen, sodass letztlich 43 Arbeiten auswertbar waren, die sich auf Daten von 28 004 Personen bezogen.

Insgesamt zeigte sich eine Auftretenshäufigkeit väterlicher depressiver Zustände im Zeitraum vom ersten Trimester der Schwangerschaft bis zu einem Jahr nach der Geburt von 10,4% (Prävalenz). Am niedrigsten ist dieser Wert mit 7,7% im Zeitraum von der Geburt bis zu drei Monaten nach der Geburt, am höchsten – mit 25,6% – in den drei Monaten danach (vierter bis sechster Monat nach der Geburt). Es zeigte sich zudem eine insgesamt größere Häufigkeit in den USA (14,1%) im Vergleich zum Rest der Welt (8,2%). In den gleichen Daten wurde die Häufigkeit von depressiven Zuständen bei Müttern mit 23,8% ermittelt, was die Glaubwürdigkeit der Analyse unterstützt, denn dieses Ergebnis liegt mitten im Bereich der vorliegenden Erkenntnisse. Die Tatsache, dass die Mütter ebenfalls im Zeitraum vom vierten bis sechsten Monat mit 41,6% am stärksten betroffen waren, weist nochmals auf einen Zusammenhang zwischen mütterlicher und väterlicher Pathologie hin. Dieser wurde in den Daten als mittelgradige Korrelation zwischen maternaler und paternaler peripartaler Depression von 0,308 bestätigt.

Insgesamt zeigen diese Ergebnisse ein deutlich gesteigertes Risiko der Entwicklung einer Depression durch die Geburt eines Kindes auch beim Vater. Setzt man beispielsweise die 14,1% Auftretenshäufigkeit in den USA mit den dort bekannten (und gut untersuchten, nicht schwangerschaftsbedingten) 4,8% Auftretenshäufigkeit bei Männern in einem Jahr ins Verhältnis, so ergibt sich ein um den Faktor von etwa drei erhöhtes Risiko.

Als sechsfacher Vater kann ich sagen, dass mich diese Erkenntnis nicht wundert. Hätte ich vor 25 Jahren ein Vierteljahrhundert in die Zukunft blicken können, hätte ich vielleicht eine vierteljährliche subjektive Stimmungsmessung begonnen, um den Dingen selbst einmal auf den Grund zu gehen (ab einem n von fünf kann man da schließlich signifikante Ergebnisse erzielen). So kann ich nur anekdotisch-episodenhaft berichten, dass eine Geburt den Vater durchaus emotional fordert bzw. mitnimmt. Fragen der eigenen Existenz, das Bewusstwerden der enormen Verantwortung für den neuen engen Verwandten, die Klarheit über die Festlegung auf den Rest seines Lebens und das Bewusstsein, ein Vierteljahrhundert lang mehr arbeiten zu müssen, drücken ganz eindeutig auf die Stimmung, einmal ganz abgesehen vom Schlafentzug, emotionaler Beanspruchung und Liebesentzug durch die ebenso schlafentzogene Mutter und Frau. Dass ein Kind bis zum Erwachsenenalter recht viel kostet – irgendwo zwischen einem Porsche und einem Eigenheim – war mir damals schon klar und hat mich nie gestört. Aber bei anderen Vätern mag dieser Gedanke noch hinzukommen.

Janice Goodman fasst die Auswirkungen einer Wochenbettdepression bei der Mutter auf den Vater wie folgt zusammen: „Wenn eine Frau unter einer Wochenbettdepression leidet, kann ihr Partner sich nicht auf ihre emotionale Unterstützung verlassen, sodass seine psychologischen Anpassungsprozesse an den neuen Zustand beeinträchtigt sein können. In qualitativen Studien männlicher Partner von Frauen mit Wochenbettdepression, beschreiben die Männer ihre Ängste, Hilflosigkeit, Unsicherheit im Hinblick auf die Zukunft, ihre Opfer und beeinträchtigte Aktivitäten in der Familie, der Freizeit und mit Freunden sowie finanzielle Probleme" (6, Übersetzung durch den Autor). Interessant ist, dass Videoanalysen an 128 Mutter-Vater-Kind-Triaden zeigten, dass das Verhalten depressiver Mütter gegenüber ihrem Kind nicht das Verhalten des Vaters gegenüber dem Kind beeinflusste. Wie dagegen die Mutter die Beziehung zu ihrem Kind erlebte, hatte einen Einfluss auf den Vater: Wenn eine depressive Mutter davon überzeugt war, dass sie mit ihrem Kind schlecht umgeht, dann führte diese Überzeugung – nicht ihr Umgang – zu einem ungünstigeren Umgang des Vaters mit dem Kind (6).

Ganz ähnliche Ergebnisse hatte eine polnische Studie an 80 Paaren ergeben (7), die mittels einer ganzen Reihe von Fragebögen untersucht wurden. Bei 31,2% der Mütter und 27,5% der Väter wurde eine Depression festgestellt. Als bedeutendste Risikofaktoren für eine väterliche Depression zeigten sich

- eine Depression bei der Mutter (2, 3),
- ein großer Unterschied zwischen hohen Erwartungen vor der Geburt und negativen Erfahrungen im Hinblick auf Familienleben und Sozialkontakte nach der Geburt
- sowie eine geringe Zufriedenheit mit der Paarbeziehung.

Das Alter des Vaters spielte dagegen keine Rolle, die finanziellen Verhältnisse der Familie in dieser Studie ebenfalls nicht. Auch eine brasilianische Studie an 386 Paaren zeigte neben einer Auftretenshäufigkeit von 26,3% bei den Müttern und 11,9% bei den Vätern ebenfalls die Bedeutung einer mütterlichen Depression für das seelische Wohlbefinden der Väter: War die Mutter depressiv, hatte der Vater ein über 40%iges Risiko, ebenfalls depressiv zu sein (26). Eine neuseeländische Studie zu „First-Time-Fathers" an 312 Männern, die etwa zur Mitte der Schwangerschaft und dann im dritten, sechsten und zwölften Monat nach der Geburt untersucht worden waren, bringt vor allem das Fehlen von zweierlei zum Ausdruck: erstens von Sexualität während der Schwangerschaft und zweitens das Ausbleiben der Rückkehr zum Niveau der Sexualität vor der Schwangerschaft im Jahr nach der Geburt. „Das Fehlen von Veränderung (und nicht die Veränderung) ist das herausragende Merkmal", schreiben die Autoren und fügen hinzu: „Männer scheinen schlecht vorbereitet zu sein im Hinblick auf den Einfluss von Vaterschaft auf ihr Leben, insbesondere im Hinblick auf ihre sexuelle Beziehung" (12, Übersetzung durch den Autor).

Insgesamt waren in dieser Studie 18,6% der Väter klinisch depressiv, was mit einer Reihe von psychologischen Stressfaktoren und schädlichen Verhaltensweisen einherging: höherer Alkoholkonsum, geringere Zufriedenheit mit der Beziehung, weniger soziale Unterstützung und Lebensqualität insgesamt. Auch waren diese Väter insgesamt ängstlich-neurotischer (8, 19). Ganz ähnliche Ergebnisse hatte zuvor bereits eine australische Studie an 225 erstmaligen Vätern (10) gezeigt, die Probleme vor allem bei jungen Männern in schlechten Arbeitsverhältnissen fanden: Wer wenig Geld verdient, sich in der Beziehung unwohl fühlt und mit seiner Vaterrolle nicht klar kommt, tut sich schwer mit dem Vaterwerden. Des Weiteren fanden die

Autoren bei werdenden Vätern eine Verschlechterung des Lebensstils und der Lebensqualität im Verlauf der Schwangerschaft ihrer Partnerin: Weniger Zufriedenheit im Beruf, schlechterer Schlaf, Gewichtszunahme und schlechtere körperliche Fitness. „Zusammenfassend zeigen diese Befunde, dass die Schwangerschaft für Männer das stressreichste Ereignis auf dem Weg zur Vaterschaft darstellt." Dies ist übrigens auch in ganz anderen Kulturen nicht viel anders, wie eine chinesische Studie an 130 Elternpaaren (Prävalenz väterlicher Depression: 10,8%) zeigt (15).

Die US-amerikanische Studie *Fragile Families and Child Wellbeing* (wörtlich etwa: Brüchige Familien und kindliches Wohlbefinden) an 2137 Vätern im Alter von 17 bis 81 Jahren (!) fand heraus, was man im Grunde aus früheren Studien schon wusste oder zu wissen glaubte (9): Getrennt lebende oder geschiedene Väter leiden in der Zeit um die Geburt häufiger an Depressionen als verheiratete. Im Hinblick auf den Schulabschluss zeigte sich eine umgekehrt-u-förmige Beziehung: Ganz ungebildete oder sehr gebildete Väter hatten ein höheres Risiko. Das Alter der Väter hatte keinen Einfluss, wohl aber deren Alkohol- oder Drogenkonsum sowie eine kriminelle Vorgeschichte, die sich allesamt ungünstig auswirkten.

Die depressiven Zustände der Eltern sind nicht nur für die jeweiligen Patienten, sondern vor allem auch für den Nachwuchs von großer Bedeutung. In einer großen prospektiven Studie zu den Auswirkungen einer postnatalen Depression des Vaters auf das Kind wurden 10975 Väter und deren Kinder über einen Zeitraum von sieben Jahren untersucht (28). Es zeigte sich, dass väterliche Depression mit psychischen Störungen der Kinder in Zusammenhang standen, insbesondere mit einem erhöhten Risiko von Aggressivität und Auffälligkeiten im Bereich des Sozialverhaltens, selbst dann, wenn man mütterliche Depression und den sozioökonomischen Status aus den Daten herausrechnete. Dies steht im Gegensatz zur mütterlichen Depression nach der Geburt, die ein sehr allgemeines Risiko für die Entwicklung des Kindes darstellt. Die väterliche Depression hingegen geht speziell mit antisozialem Verhalten einher. Sie ist darüber hinaus ebenso wie die mütterliche Depression mit vermehrtem Weinen des Kindes verknüpft (30).

Neben den negativen Auswirkungen einer peripartalen väterlichen Depression auf emotionale Prozesse und das Sozialverhalten zeigte eine große US-amerikanische Studie an 4 109 Familien einen negativen Einfluss der Depressivität der Mutter und auch des Vaters auf die Zeit des Vorlesens. Diese Vorlesezeit ist für die Sprachentwicklung der Kinder ganz wesentlich, wie aus einer Reihe von Studien gut bekannt ist. Interessanterweise war in dieser Studie der negative Einfluss der nicht vorlesenden Väter größer als der der nicht vorlesenden Mütter. Dies mag zunächst verwundern, passt jedoch gut zu einer Studie zum elterlichen Sprachverhalten und der Spracheentwicklung ihrer Kinder. So sprachen die Väter zwar insgesamt weniger mit ihrem Kind, aber dennoch war es das väterliche Sprechen und nicht das mütterliche, dessen Ausmaß mit dem Sprachstand des Kindes ein Jahr später korrelierte (21). Dies wurde dahingehend interpretiert, dass Mütter so viel mit ihren Kindern sprechen, dass ein „Deckeneffekt" zustande kommt: sprechen sie etwas weniger, so ist das auch nicht weiter schlimm. Bei Vätern hingegen ist dies anders: Sie reden sowieso nicht so sehr viel mit ihrem Kind, und wenn sie dann krankheitsbedingt noch weniger reden, ist der Verlust von Sprachinput für das Kind vergleichsweise größer. Mit den Autoren ausgedrückt: „Auch wenn das relativ hohe Ausmaß des mütterlichen Vorlesens durch depressive Symptome vermindert ist, könnte der Unterschied noch nicht groß genug sein, um die kindliche Sprachentwicklung zu beeinträchtigen" (24, Übersetzung durch den Autor). Väter reden zudem auch anders mit ihren Kindern und gehen mit der Stimme nicht so hoch wie Mütter: Deutsche Männer gehen mit ihrer Stimme um gerade mal 8 Hz nach oben, wenn sie mit Kindern sprechen, Amerikanerinnen dagegen steigern die Grundfrequenz um 102 Hz. Kinder müssen also ihren Vätern mit mehr interner Aufmerksamkeit zuhören, denn diese sprechen weniger emotionsgeladen mit ihnen. Das fordert stärker heraus, und das wiederum trainiert mehr (29). Und da Väter wenig reden, macht es eben einen Unterschied, wenn sie depressionsbedingt noch weniger reden.

„Vater werden ist nicht schwer, Vater sein dagegen sehr!", beginnt Wilhelm Busch sein Gedicht *Julchen* (11). Sofern er mit dem „Vaterwerden" die erste Ursache des Gesamtgeschehens meinte, mag er recht haben. Die psychiatrische Epidemiologie zeigt jedoch deutlich, dass der Prozess des Vaterwerdens, die Schwangerschaft und das Wochenbett der Partnerin, für viele Männer keine leichte Zeit darstellt. Vater werden ist also durchaus ähnlich schwer wie Mutter werden, und wir sollten deshalb auch die Männer in dieser Zeit – vor allem beim ersten Kind – nach Kräften unterstützen.

Literatur

1. Anonymus. Postnatal depression: fathers have it too. The Lancet 2010; 375: 1846.
2. Areias MEG, Kumar R, Barros H, Figueiredo E. Comparative incidence of depression in women and men, during pregnancy and after childbirth: validation of the Edinburgh Postnatal Depression Scale in Portuguese mothers. Br J Psychiatry 1996; 169(1): 30–5.
3. Ballard CG, Davis R, Cullen PC, Mohan RN, Dean C. Prevalence of postnatal psychiatric morbidity in mothers and fathers. Br J Psychiatry 1994; 164(6): 782–8.

4. Beardslee WR, Versage EM, Gladstone TR. Children of affectively ill parents: a review of the past 10 years. J Am Acad Child Adolesc Psychiatry 1998; 37(11): 1134–41.
5. Bennett HA, Einarson A, Taddio A, Koren G, Einarson TR. Prevalence of depression during pregnancy: systematic review. Obstet Gynecol 2004; 103(4): 698–709.
6. Goodman JH. Paternal postpartum depression, its relationship to maternal postpartum depression, and implications for family health. J Adv Nurs 2004; 45(1): 26–35.
7. Bielawska-Batorowicz E, Kossakowska-Petrycka K. Depressive mood in men after the birth of their off- spring in relation to a partner's depression, social support, fathers' personality and prenatal expectations. J Reprod Infant Psychol 2006; 24(1): 21–9.
8. Boyce P, Condon J, Barton J, Corkindale C. First-time fathers' study: psychological distress in expectant fathers during pregnancy. Aust N Z J Psychiatry 2007; 41(9): 718–25.
9. Bronte-Tinkew J, Moore KA, Matthews G, Carrano J. Symptoms of major depression in a sample of fathers of infants: sociodemographic correlates and links to father involvement. J Fam Issues 2007; 28(1): 61–99.
10. Buist A, Morse CA, Durkin S. Men's adjustment to fatherhood: implications for obstetric health care. J Obstet Gynecol Neonatal Nurs 2003; 32(2): 172–80.
11. Busch W. Sämtliche Werke, Bde. I und II. Gütersloh: Bertelsmann 1982.
12. Condon JT, Boyce P, Corkindale CJ. The first-time fathers study: a prospective study of the mental health and wellbeing of men during the transition to parenthood. Aust N Z J Psychiatry 2004; 38(1–2): 56–64.
13. Fawcett J, York R. Spouses' physical and psychological symptoms during pregnancy and the postpartum. Nurs Res 1986; 35(3): 144–8.
14. Madsen SA, Juhl T. Paternaldepression in the post-natal period assessed with traditional and male depression scales. J Mens Health Gend 2007; 4(1): 26–31.
15. Gao L, Chan SW, Mao Q. Depression, perceived stress, and social support among first-time Chinese mothers and fathers in the postpartum period. Research in Nursing & Health 2009; 32: 50–8.

16. Gotlib IH, Whiffen V, Mount J, Milne K, Cordy N. Prevalence rates and demographic characteristics associated with depression in pregnancy and post partum. J Consult Clin Psychol 1989; 57: 269–74.
17. Hjelmstedt A, Collins A. Psychological functioning and predictors of father-infant relationship in IVF fathers and controls. Scand J Caring Sci 2008; 22(1): 72–8.
18. Leathers SJ, Kelley MA. Unintended pregnancy and depressive symptoms among first-time mothers and fathers. Am J Orthopsychiatry 2000; 70(4): 523–31.
19. Matthey S, Barnett B, Ungerer J, Waters B. Paternal and maternal depressed mood during the transition to parenthood. J Affect Disord. 2000; 60(2): 75–85.
20. O'Hare MW, Swain AM. Rates and risk of postpartum depression – a meta-analysis. International Review of Psychiatry 1996; 8: 37–54.
21. Pancsofar N, Vernon-Feagans L. Mother and father language input to young children: Contributions to later language development. Journal of Applied Developmental Psychology 2006; 27: 571–87.
22. Paulson JF, Bazemore SD. Prenatal and postpartum depression in fathers and ist association with maternal depression: a meta-analysis. JAMA 2010; 303: 1961–9.
23. Paulson JF, Dauber S, Leiferman JA. Individual and combined effects of postpartum depression in mothers and fathers on parenting behavior. Pediatrics 2006; 118(2): 659–68.
24. Paulson JF, Keefe HA, Leiferman JA. Early parental depression and child language development. J Child Psychol Psychiatry 2009; 50(3): 254–62.
25. Schumacher M, Zubaran C, White G. Bringing birth-related paternal depression to the fore. Women Birth 2008; 21(2): 65–70.
26. Pinheiro RT, Magalhaes PVS, Horta BL, Pinheiro KAT, da Silva RA, Pinto RH. Is paternal postpartum depression associated with maternal postpartum depression? Population-based study in Brazil. Acta Psychiatr Scand 2006; 113(3): 230–2.
27. Ramchandani P, Stein A, Evans J, O'Connor TG; ALSPAC Study Team. Paternal depression in the post-natal period and child development: a prospective population study. Lancet 2005; 365(9478): 2201–5.

28. Ramchandani PG, Stein A, O'Connor TG, Heron J, Murray L, Evans J. Depression in men in the postnatal period and later child psychopathology: a population cohort study. J Am Acad Child Adolesc Psychiatry 2008; 47(4): 390–8.
29. Spitzer M. Musik im Kopf. Stuttgart: Schattauer 2002.
30. Van den Berg MP, van der Ende J, Crijnen AA et al. Paternal depressive symptoms during pregnancy are related to excessive infant crying. Pediatrics 2009; 124(1): e96–e103.

14 Zucker und Zukunft

Leib und Seele

Wie jeder weiß, braucht das Gehirn Zucker zur Energieversorgung. Es kann kein Fett verwerten und ist auf die Verbrennung von Zucker angewiesen. Daher kommt es bei unzureichender Zuckerversorgung des Gehirns zu Fehlfunktionen oder Ausfallerscheinungen. Das weiß jeder, der schon einmal an einer akuten Unterzuckerung gelitten hat. Die psychischen Auswirkungen einer niedrigen Zuckerkonzentration im Blut sind Konzentrationsstörungen, Nervosität, Störungen der Bewegungskoordination, der räumlichen und zeitlichen Orientierung, der Sprache, der Emotionen (bis hin zur Albernheit) sowie der Kontrollverlust über Willkürbewegungen und andere Körperfunktionen bis zur Beeinträchtigung des Bewusstseins. Bei diesen Störungen handelt es sich zu einem wesentlichen Teil um Funktionsstörungen des Frontalhirns.

Man muss gar nicht lange oder tief darüber nachdenken, um sich darüber klar zu werden, dass auch die Zukunft sehr viel mit dem Frontalhirn zu tun hat: Streng genommen existiert sie eigentlich nur dort! Von fraglichen Fällen wie manchen Primaten, Walen oder Elefanten einmal abgesehen, scheint es zu den Privilegien unserer Art zu gehören, uns selbst gedanklich in eine andere Zeit und an einen anderen Ort versetzen zu können. Wenn wir dies tun, benutzen wir bereits gespeicherte Inhalte, kombinieren sie jedoch neu. Entsprechend sind bei der Planung der nächsten Geburtstagsfeier fast die gleichen Gehirnareale aktiv wie bei den Erinnerungen an die letzte Geburtstagsfeier (6, 9).

Hinzu kommt allerdings eine stärkere Aktivierung des Frontalhirns, also eines beim Menschen besonders ausgeprägten Bereichs der Gehirnrinde, der für Planung, Steuerung, Kontrolle, Inhibition zuständig ist und der zugleich den Sitz des Arbeitsgedächtnisses darstellt. Dieses hält irgendein künftiges Ereignis online und sorgt dafür, dass meine Planung dieses Ereignisses (z.B. mein 80. Geburtstag) beständig aufrechterhalten wird und der Zugriff zu gespeicherten Inhalten (Erinnerungen an Familie, Freunde und Bekannte, die ich gerne einladen würde) gezielt vom Frontalhirn erledigt wird.

Der Gedanke, dass unsere (Gedanken an die) Zukunft irgendwie mit Kalorien und Zucker in Verbindung stehen, liegt also nahe, und nicht zuletzt weiß jeder, der schon einmal hungrig im Supermarkt eingekauft hat, dass der Einkaufswagen wesentlich voller war als wenn er nach einer Mahlzeit mit gefülltem Magen den Lebensmittelselbstbedienungsladen besuchte. Dies ist aus evolutionärer Sicht durchaus von Vorteil, denn das Gehirn berücksichtigt bei Entscheidungsfindungsprozessen während der Nahrungssuche den Stand der jeweils vorhandenen Reserve. Tiere tun dies auch, wie man aus der experimentellen Verhaltensforschung weiß. Schon vor mehr als 20 Jahren wurde mit der „risk-sensitive foraging theory“[1] sogar ein theoretisches Gerüst entwickelt, mit dem sich eine ganze Reihe unterschiedlichster Daten zur Nahrungssuche bei unterschiedlicher Energiereserve interpretieren lassen: Ist die Energiereserve gering (nagt man am Hungertuch), geht es dem Organismus um das Hier-und-Jetzt, das heißt, es gilt vor allem, sich nicht lange um die Zukunft zu kümmern, sondern Sofortmaßnahmen zu ergreifen, welche die Energiebilanz verbessern. Ist die gegenwärtige Energiebilanz demgegenüber gut (bestehen große Fettpolster), kann der Blick weiter in die Zukunft gewendet werden, um zu einem

1 Schwer zu übersetzen, vielleicht am ehesten mit „Risiko-sensible Theorie der tierischen Nahrungssuche“.

späteren Zeitpunkt und vielleicht an einem anderen Ort eine noch größere Beute zu erlangen. Aus evolutionärer Sicht ist es also sinnvoll, dass der Organismus seine jeweiligen Ad-hoc-Entscheidungen von seinem eigenen Zustand abhängig macht.

Ganz praktisch kann man davon ausgehen, dass ein nicht mehr voll funktionsfähiges Frontalhirn die Zukunft nicht mehr in der Stärke und Differenziertheit repräsentieren kann, wie dies bei guter Energieversorgung der Fall ist. Hierfür spricht auch der 2007 publizierte Befund, dass die Fähigkeit zur willentlichen Selbstkontrolle von der Blutzuckerkonzentration abhängig ist (3). Zur Repräsentation der Gegenwart, die ja permanent um mich herum ist, brauche ich hingegen deutlich weniger kognitive Ressourcen als zur Repräsentation der Zukunft. Daraus folgt, dass der Stellenwert der Zukunft bei Entscheidungsprozessen mit abnehmender Blutzuckerkonzentration gegenüber dem Stellenwert der Gegenwart abnehmen sollte.

Wie überprüft man eine solche Hypothese? – Ganz einfach: Man fragt die Leute! Die entsprechende experimentelle Prozedur ist mittlerweile recht gut etabliert, geht es doch um die nicht nur in der Ökonomie, sondern auch in der Philosophie, Medizin und Umweltdebatte viel diskutierte Frage nach der Diskontierung der Zukunft (1, 4, 5, 10, 12). Damit ist gemeint, dass Menschen dazu neigen, das Jetzt wichtiger zu nehmen als das Später. 100 Euro jetzt sind mir wichtiger als 100 Euro in einem Jahr, weil mir vielleicht jetzt das Wasser bis zum Halse steht oder ganz einfach weil ich in einem Jahr 113 Euro bezahlen müsste, wenn ich mein Girokonto heute mit 100 Euro belaste. Auch bei Tieren findet man Verhaltensweisen, die darauf zurückzuführen sind, dass für sie die Zukunft weniger zählt als die Gegenwart (13). Vor dem Hintergrund des Gedankens der Evolution führt die begrenzte Reproduktionszeit eines Individuums bzw. seine mit der Zeit natürlicherweise und zwangsläufig knapper werdenden Ressourcen unweigerlich zur Diskontierung der Zukunft, das heißt, zu einer geringeren Bewertung des gleichen Sachverhalts später im Vergleich zu jetzt.

Um im Rahmen einer experimentellen Untersuchung der Frage nachzugehen, inwiefern sich Variationen des Blutzuckerspiegels in einem physiologischen Bereich auf menschliche Entscheidungsprozesse im Hinblick auf den Vergleich von Gegenwart und Zukunft auswirken, wurde von Wang und Dvorak (11) an 65 Studenten (41 Frauen) im Durchschnittsalter von etwa 23 Jahren ein Experiment zur Diskontierung der Zukunft durchgeführt. Durch Vergleiche der subjektiven Bevorzugung zweier Geldbeträge lässt sich für jede Versuchsperson ermitteln, um wie viel weniger für sie speziell die Zukunft „weniger wert ist" als die Gegenwart: „Hätten Sie lieber 120 Euro morgen oder 150 Euro in 31 Tagen?" – Insgesamt wurden jeder Versuchsperson 14 Fragen wie diese gestellt, wobei die Geldbeträge zwischen 90 Dollar und 570 Dollar variierten und die zeitlichen Verzögerungen zwischen vier und 939 Tagen. Um den Fragen einen gewissen Realitätsgehalt zu geben, wurde den Probanden vor dem Experiment gesagt, dass man am Ende per Losverfahren mit etwas Glück eine der von ihnen jeweils getroffenen Entscheidungen ermitteln werde, die dann tatsächlich gilt und zur Auszahlung eines entsprechend datierten Schecks führt.

Zur Variation des Blutzuckerspiegels erhielten die Probanden entweder ein zuckerhaltiges Getränk (Sprite) oder ein Diätgetränk gleichen Geschmacks mit künstlichem Süßstoff (Sprite Zero). Zuvor hatten sie die ersten sieben Fragen zur Diskontierung der Zukunft (Was ist Ihnen lieber, X Euro jetzt oder X + N Euro in der Zukunft) beantwortet. Danach mussten die Versuchspersonen angeben, wie gut das Getränk ihnen geschmeckt hatte und zudem einige Fragebögen ausfüllen. Zur Validierung der experimentellen

Prozedur wurde vor Beginn des Experiments der Blutzuckerspiegel gemessen. Zehn Minuten nach der Einnahme des Getränkes wurde erneut die Blutglukose bestimmt und es wurde der zweite Teil des Tests zur Diskontierung der Zukunft durchgeführt.

Aus den Antworten der Probanden lässt sich eine hyperbolische Funktion berechnen, deren Verlauf anzeigt, um wie viel Prozent mehr ein bestimmter Betrag weniger wert ist in Abhängigkeit davon, wie weit die Auszahlung dieses Betrages in der Zukunft liegt. Der Verlauf unterscheidet sich sehr deutlich (Abb. 14-1): Wenn mein Gehirn gerade genügend Zucker zur Verfügung hat, sind mir 100 Euro jetzt genauso viel wert wie 85 Euro in zwei Monaten. Bei geringerer Zuckerkonzentration hingegen haben die 100 Euro in zwei Monaten für mich nur einen Wert von etwa 62 Euro! Wie sehr ich für mein jetziges Entscheiden die Zukunft berücksichtige, hängt also in starkem Maße von

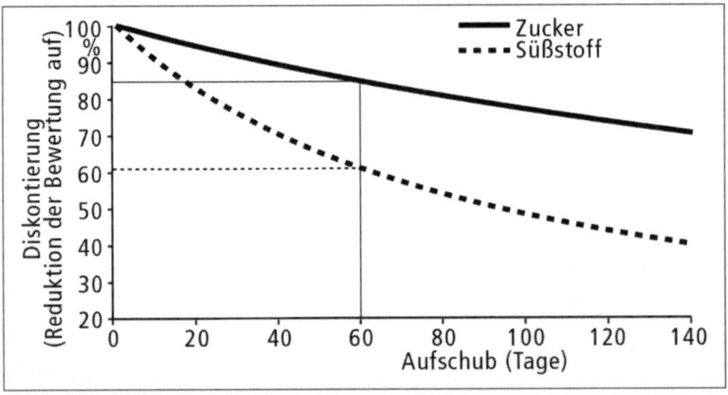

Abb. 14-1 Diskontierungsfunktion der Zukunft in Abhängigkeit physiologischer Variationen der Blutglukosekonzentration, die durch ein zuckerhaltiges oder süßstoffhaltiges Limonadengetränk hervorgerufen wurden (nach 11, Fig. 3).

der Blutzuckerkonzentration ab. Weitere Analysen zeigten keinen Effekt von Geschlecht, dem Körpergewicht bzw. Ernährungszustand der Person (Body-Mass-Index), dem Alter oder auch der geschmacklichen Beurteilung des Getränks.

In Abbildung 14-2 sind die Blutglukosekonzentrationen in beiden Gruppen vor der Einnahme des Limonadengetränks und 10 Minuten danach dargestellt. Sowohl die Zunahme des Blutglukosewertes in der Zuckergruppe als auch die entsprechende Abnahme der Entwertung der Zukunft erwiesen sich als signifikant.

Interessanterweise kam es in der Kontrollgruppe zu einer Zunahme der Entwertung der Zukunft, obwohl es hier nur zu einer ganz geringen Abnahme der Blutglukosekonzentration kam. Dies passt zu einer Art Alarmreaktion, die durch süße Getränke, die jedoch keinen Zucker enthalten und damit kalorisch unbedeutend sind, im Körper ausgelöst wird: Es ist als würde der Konsum von kalorienloser

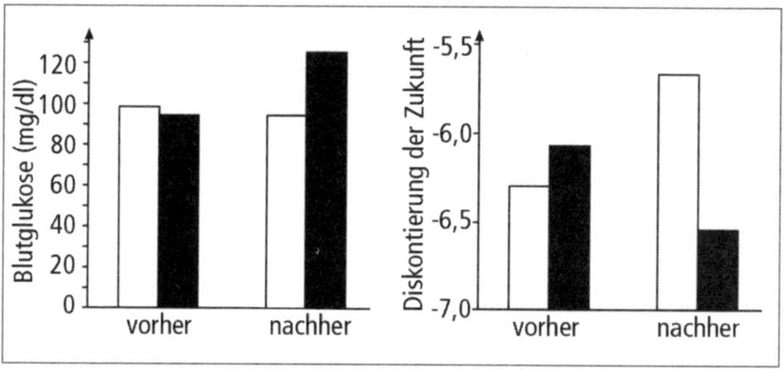

Abb. 14-2 Blutglukosekonzentrationen (oben) und Diskontierung der Zukunft (unten) in der Süßstoffgruppe (weiße Säulen) und der Zuckergruppe (schwarze Säulen; nach 11, Fig. 1). Nach dem Konsum der zuckerhaltigen Limonade stieg der Blutzuckerspiegel signifikant an. Die Diskontierung der Zukunft nahm hierdurch signifikant ab.

süßer Nahrung im Körper zum Aufleuchten einer Art roten Lampe führen, die eine Energiekrise meldet, obgleich doch alles getan wurde(Süßes gegessen), diese zu vermeiden. Indirekte Hinweise dazu liefern tierexperimentelle Befunde: Ratten, die süße, aber kalorienfreie Nahrung zu sich nehmen, fressen im Vergleich zu einer Kontrollgruppe mit normaler Nahrung mehr und reduzieren ihren Energieverbrauch stärker (8)[2]. Auch beim Menschen gibt es Hinweise darauf, dass der Konsum künstlich gesüßter Nahrungsmittel langfristig zu einer Gewichts*zunahme* und nicht – wie die Werbung verspricht – zu einer Gewichtsabnahme führt. Eine Studie an 78 694 Frauen im Alter von 50 bis 69 Jahren zeigte eine signifikante Zunahme bei Verwendung von Saccharin als künstlichen Süßstoff (7).

Die Autoren merken kritisch an, dass ihr Experiment den Beitrag verschiedener Theorien (Evolution, Frontalhirnfunktion, energieabhängiges Nahrungssucheverhalten) zur Erklärung des Phänomens nicht aufklären kann (2). Dies ist vielleicht aber auch gar nicht notwendig, denn die Evolutionstheorie liefert ultimative Erklärungen (ultimate causes), wohingegen die Neurowissenschaft sich mit Mechanismen (proximate causes) beschäftigt. Die Frage also, ob die stärkere Diskontierung der Zukunft bei geringerem Blutglukosespiegel einen evolutionären Anpassungsmechanismus darstellt oder aber ein subklinisches Frontalhirnde-

2 Ich halte diese Befunde für so wichtig, dass ich sie im Original zitieren möchte: „We found that reducing the correlation between sweet taste and the caloric content of foods using artificial sweeteners in rats resulted in increased caloric intake, increased body weight, and increased adiposity, as well as diminished caloric compensation and blunted thermic responses to sweet-tasting diets. These results suggest that consumption of products containing artificial sweeteners may lead to increased body weight and obesity by interfering with fundamental homeostatic, physiological processes“ (8).

fizit, erweist sich damit als falsch gestellt. Das eine ist der Mechanismus, das andere der große evolutionäre Zusammenhang.

Für den einfachen Mann auf der Straße (oder den Nervenarzt in der Praxis) machen Experimente wie diese jedoch plausibel, wie eng Leib und Seele zusammenhängen und warum beispielsweise Politiker sich immer wieder zu Arbeitsessen treffen: Vielleicht ist dann eher gewährleistet, dass sie sich wirklich mit der Zukunft ihrer Länder (und nicht nur mit kurzfristigen Schnäppchen im Hier und Jetzt) beschäftigen. Ich für meinen Teil werde in der Zukunft besser auf die Bereitstellung von Keksen zum Kaffee bei wichtigen Besprechungen achten und auf Vorträgen an Schulen noch dringlicher darauf hinweisen, dass die Schüler nur dann ordentlich unterrichtet werden können, wenn sie nicht müde und nicht hungrig sind. „Für das Leben lernen" kann nur der, der seine Zukunft (also sein Leben in der Zukunft) auch mental repräsentieren kann. Hierfür – und natürlich auch für Latein, Mathematik oder Deutsch – braucht unser Leib genügend Zucker im Blut.

Literatur

1. Brennan G. Discounting the future, yet again. Politics, Philosophy & Economics 2007; 6: 259–84.
2. Frederick S, Loewenstein G, O'Donoghue T. Time discounting and time preference: A critical review. Journal of Economic Literature 2002; 40: 351–401.
3. Gailliot MT et al. Self-control relies on glucose as a limited energy source: Willpower is more than a metaphor. Journal of Personality and Social Psychology 2007; 92: 325–36.
4. Goklany IM. Discounting the future. Regulation 2009; 3: 36–40.
5. Hardisty DJ, Weber EU. Discounting future green: Money versus the environment. Journal of Experimental Psychology: General 2009; 138: 329–40.

6. Hassabis D, Kumaran D, Vann SD, Maguire EA. Patients with hippocampal amnesia cannot imagine new experiences. PNAS 2007; 104: 1726–31.
7. Stellman SD, Garfinkel L. Artificial sweetener use and one-year weight change among women. Preventive Medicine 1986; 15: 195–202.
8. Swithers SE, Davidson TL. A role for sweet taste: caloric predictive relations in energy regulation by rats. Behavioral Neuroscience 2008; 122: 161–73.
9. Szpunar KK, Watson JM, McDermott KB. Neural substrates of envisioning the future. PNAS 2007; 104: 642–7.
10. Torgerson D, Raftery J. Discounting. British Medical Journal 1999; 319: 914–5.
11. Wang XT, Dvorak RD. Sweet future: fluctuating blood glucose levels affect future discounting. Psychological Science 2010; 20: 1–6.
12. Weisbach DA, Sunstein CR. Climate change and discounting the future: A guide for the perplexed. Harvard Law School Program on Risk Regulation 2008. Research paper No. 08–12; Harvard Law School Public Law & Legal Theory Research paper No. 08–20; Reg-Markets Center Working paper No. 08–19 (http://ssrn.com/abstract=1223448).
13. Wilson M, Daly M. Do pretty women inspire men to discount the future? Proc R Soc Lond B 2004; (Suppl.) 271: S177–S179.

15 Finger, Raum, Zahl

Gehirn und Mathematik

Wie bewerkstelligt unser Gehirn den Umgang mit Zahlen? Auf welche Art sind sie dort repräsentiert? Werden sie wie Wörter („drei“, „Trio“) verarbeitet, also sprachlich? Oder handelt es sich um eigenständige abstrakte Gegenstände (der Zahlbegriff „3“)? Oder sind sie in irgendeiner Form analog repräsentiert als Ort auf dem Zahlenstrahl oder visuell als „recht kleine Anzahl von Dingen“ (wie die römische Zahl „III“ oder die Augen auf einem Würfel)[1]? Oder handelt es sich gar um körperliche analoge Repräsentationen (drei Finger)? – Seit Langem schon beschäftigt diese Frage Psychologen, Entwicklungspsychologen, Neurowissenschaftler und vor allem kognitive Neurowissenschaftler. Das ungefähre Einschätzen der Anzahl hat sich als recht basale Fähigkeit, das heißt, als eigenständige geistige Leistung, herauskristallisiert, die unabhängig von Sprachfähigkeit oder allgemeiner Intelligenz bestimmten Entwicklungsprozessen unterliegt (26). Diese Fähigkeit ist jedoch nicht nur auf eine einzige Weise im Gehirn verankert, sondern ergibt sich aus der Entwicklung und dem Zusammenspiel mehrerer Module bzw. mentaler Funktionen und (weil der Gebrauch die Neuronen ändert) Repräsentationen. Die Antwort auf die eingangs gestellten Fragen lautet also am ehesten: „Alles ist richtig.“ Aber wie muss man sich das genauer vorstellen? Und vor allem: was folgt?

---

1 Auf den Psychologen E. L. Kaufmann geht die Beobachtung zurück, dass wir kleine Anzahlen unmittelbar (lat. subito: plötzlich) und ohne zu zählen gleichsam auf einmal erfassen können. Diesen Prozess, der für Zahlen von eins bis vier gilt (bei höheren Zahlen wird zusätzlich gezählt) nennt man *Subitizing*.

Noch bevor Kinder über Zahlen nachdenken, verwenden sie ihren Körper zum Zählen. Das Zählen mit den Fingern war schon im alten Ägypten gebräuchlich, wie seine Erwähnung im ägyptischen Totenbuch vor etwa 3200 Jahren zeigt (25). In praktisch allen Kulturen *lernen* Kinder das Zählen mit den Fingern: Man hat sie schließlich immer dabei und kann somit die Anzahl der zu zählenden Sachen im Prozess des Zählens mit den Fingern in Verbindung bringen. Dieses analoge Zählen ist damit eine sensomotorische Tätigkeit, der man nachgeht, bevor das Zählen „im Kopf" (und *ohne* Finger) zu einer rein geistigen Tätigkeit wird.

Wer mit den Fingern in der gewohnten Weise zählt (Abb. 15-1), der muss ab der Zahl 6 beide Hände verwenden. Zu deren Ansteuerung bedarf es beider Gehirnhälften, es muss also ein Transfer von Information zwischen ihnen stattfinden. Dieser Interhemisphärentransfer braucht Zeit. Und weil der Gebrauch das Gehirn verändert, kann man davon auszugehen, dass die Repräsentation der Zahlen 6 bis 10 in beiden Gehirnhälften angelegt ist, wohingegen für die Zahlen 1 bis 5 eine Gehirnhälfte genügt. Indizien für einen unterschiedlichen mentalen Umgang mit den Zahlen 1 bis 5 im Vergleich zu 6 bis 10 liefern Befunde zu den Entwicklungsstadien der Zahlenrepräsentation bei Kindern sowie zu Fehlern beim Addieren und Subtrahieren. In die-

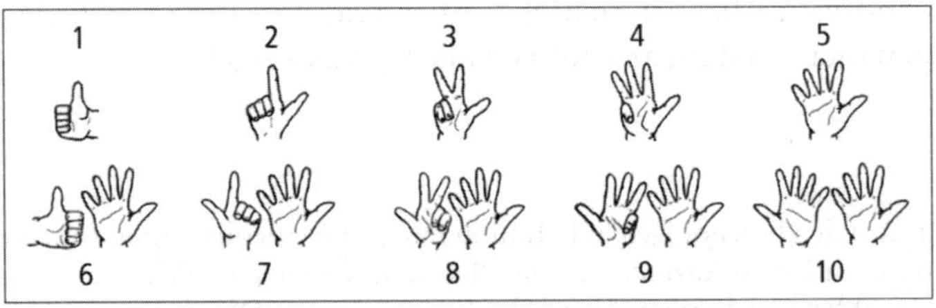

Abb. 15-1 Zählen mit den Fingern. Meist fangen wir mit der linken Hand an und nehmen dann die rechte ab der sechs hinzu.

sen Studien zeigte sich, dass wir die 5 als eine Art „Unterbasis“ für das Zählen verwenden, also zusätzlich zur Basis 10, zumindest zeitweise während wir die Fähigkeit zu zählen entwickeln[2].

Die Finger eignen sich nicht zuletzt deswegen so gut zum Zählen, weil sie sehr „gelenkig“ sind: Im Gegensatz zu anderen Primaten, die auf den Händen (genauer: auf den Knöcheln; man spricht von „knuckle walk“; 29) laufen oder mit ihnen klettern, wurden die Hände des Menschen durch den aufrechten Gang frei für eine neue Rolle als Feinwerkzeug. Dies wiederum setzt ein intensives Training der Feinmotorik voraus, welches in der Kindheit erfolgt. Daher sind Fingerspiele (Abb. 15-2), bei denen eine kleine Handlung so vorgeführt wird, dass die Finger der Hand die Rolle von Personen, Tieren oder Dingen übernehmen, so wichtig. Durch sie werden nach Art des Theaters Bewegungen mit Handlungen verknüpft, mit Beschreibungen und Vorführungen. Zum leichteren Merken erfolgt die sprachliche Begleitung der Bewegungen oft in Form von Kinderreimen oder Kinderliedern (Tab. 15-1, S. 147). Man beachte, dass der kleine Finger jeweils den Spannungsbogen auflöst (bekommt alles oder nichts) und dass im Sardischen der Mittelfinger („Stinkefinger“) für das Schwein steht. Weitergehende Schlüsse auf die jeweilige „Volksseele“ überlasse ich der Fantasie des Lesers.

Fingerspiele werden Kindern in aller Welt von Erwachsenen beigebracht. Ist das „altmodischer Kleinkram“ oder wichtiges Training der Vorläuferfähigkeiten höherer geistiger Leistungen bis hin zum mathematischen Denken? Aus der Entwicklungsneurobiologie ist bekannt, dass die Ge-

2 Als Basis bezeichnet man eine Einheit (hier: Hand), die Untereinheiten (Finger) zusammenfasst. Wir zählen im Zehnersystem (Basis 10), wobei ein Zehner zehn Einer zusammenfasst bzw. repräsentiert.

Abb. 15-2 Fingerspiele füllen ganze Bücher und sind bei Kindern sehr beliebt.

hirnentwicklung auf ganz bestimmte Weise erfolgt: Bei der Geburt sind nur die einfachen sensorischen und motorischen Areale „online“, also mit myelinisierten und damit schnell leitenden Nervenfasern verbunden. Im Laufe der Gehirnentwicklung nach der Geburt werden weitere Areale zugeschaltet (das heißt, die Verbindungsfasern werden myelinisiert und damit überhaupt erst in den Informationsverarbeitungsprozess einbezogen), die ihren Input von den zuvor bereits voll funktionstüchtigen Arealen erhalten. Auf diese Weise sorgt die Entwicklung des Gehirns dafür, dass zunächst einfache Muster im Wahrnehmungsinput gelernt werden (z. B. Frequenzmuster in der primären Hörrinde, Flecken, Ecken und Kanten in der primären Sehrinde, unterschiedliche Orte der Körperoberfläche in der primären Tastrinde). Die zu Repräsentationen verfestigten raumzeit-

Tab. 15-1 Unterschiedliche Varianten des hierzulande wahrscheinlich bekanntesten Fingerspiels (frei nach Wikipedia).

	Deutsch: „Pflaumen pflücken“	**Französisch: „Hasen jagen“**	**Englisch: „Kuh stehlen“**	**Italienisch: „Ei kochen“**	**Sardisch: „Schwein schlachten“**
Daumen	Das ist der Daumen,	Der geht auf die Jagd,	Der hat die Scheune aufgebrochen,	Der hat das Ei gelegt,	Das ist der Vater,
Zeige-finger	der schüttelt die Pflaumen,	der hat den Hasen getötet,	der hat die Kuh gestohlen,	der hat es ins Feu-er gesetzt,	das ist der Sohn,
Mittel-finger	der hebt sie auf,	der hat ihn gekocht,	der passte auf,	der hat es gekocht,	das ist das Schwein,
Ring-finger	der trägt sie nach Haus,	der hat ihn aufgegessen,	der lief weg,	der hat es gegessen,	der hat es geschlachtet,
kleiner Finger	und der Kleinste isst sie alle auf.	und der Klitzeklei-ne sagte: „Ich will etwas davon, ich will davon.“	und der arme Peeriwinkie musste für alles bezahlen.	und dieser arme Kleine hat es nicht mal angerührt.	und dem Kleinen haben sie nichts abgegeben.

lichen Aktivierungsmuster in diesen Arealen stellen dann den Input für die nächsthöheren Areale dar. Sind die Verbindungen herangereift und erfolgt damit das wechselseitige Zuspielen der Informationen rasch, entstehen auf diesen höheren Arealen durch Vorgänge der Neuroplastizität ebenfalls Gedächtnisspuren (Repräsentationen) und damit stabile Aktivierungsmuster, die nun den Input für die nächsthöhere Schicht darstellen. So werden im akustischen Bereich aus Aktivierungsmustern der Frequenzkarte auf dem niedrigsten, „primären" akustischen Modul A1 in höheren Arealen Laute, daraus dann in wiederum höheren Arealen Silben, in wiederum höheren Arealen Wörter und aus Wörtern in nochmals höheren Arealen Sätze und ganze Sinnzusammenhänge.

Simulationen neuronaler Netzwerke konnten zeigen, dass auf diese Weise die Entwicklung des Gehirns sogar einen guten Lehrer ersetzt: Die Entwicklung des Gehirns selbst sorgt dafür, dass erst Einfaches und dann Komplexes gelernt wird. Auf diese Weise kommt überhaupt erst die Möglichkeit zum Erlernen der Komplexität, zu der wir Menschen fähig sind, zustande. Noch einmal anders ausgedrückt: Hätten Sie das Gehirn, über das Sie als Erwachsener verfügen, bereits bei Ihrer Geburt gehabt, hätten Sie wahrscheinlich nie sprechen gelernt und ebenso wenig denken. Aus dieser Sicht der Gehirnentwicklung ergibt sich unmittelbar, dass frühe einfache Lernprozesse eine hohe Relevanz für spätere höhere geistige Leistungen besitzen: Wer auf der unteren Ebene keine klaren, scharfen und deutlichen Muster angelegt hat, der kann auf höheren Ebenen nur schwer das Denken lernen, denn der Input der höheren Ebene kommt von den unteren Ebenen.

Das Ganze hört sich recht theoretisch an und es ist in der Tat nicht leicht zu zeigen, dass hier lernabhängige Unterschiede zwischen Menschen existieren, die im Kindesalter erworben wurden und sich bis ins Erwachsenenalter halten. Aber wir wissen längst, dass Phoneme, die im kindlichen Sprachinput nicht vorhanden waren, später im Erwachsenenalter gar nicht unterschieden werden können. Was auf den unteren Ebenen keine Spuren hinterlassen konnte, weil die entsprechenden Muster nicht verarbeitet wurden, wird auf höheren Ebenen gar nicht repräsentiert. Für das Sehen gilt Entsprechendes: Das „Training“ mit den Gesichtern aus unserer Umgebung führt dazu, dass irgendwann Gesichter von Menschen aus anderen Gegenden alle gleich aussehen. Für uns sehen alle Japaner gleich aus und für die Japaner sehen wir alle gleich aus. Lernprozesse haben dafür gesorgt, dass wir ein großes Spezialistentum für die Gesichter, die wir schon oft gesehen haben, entwickelt haben. „Ganz andere Gesichter“ speichern wir jedoch lediglich als „ganz anders“ ab und nicht in der Differenziertheit, die uns sonst für die Gesichter unserer Mitmenschen zur Verfügung steht.

Vor dem Hintergrund dieser ganz allgemeinen Überlegungen zur Entwicklungsneurobiologie sind neuere Studien zum *Embodiment*, also zur Verkörperung von Denkprozessen, von großer Bedeutung. Letztlich geht es darum, dass wir unseren Körper von Geburt an gleichsam mit uns herumtragen und von Geburt an uns mit ihm die Welt erobern. Entsprechend bedeutsam sind körperliche Erfahrungen wie beispielsweise warm oder kalt (was später auch auf unsere Emotionen übertragen wird), groß oder klein bzw. oben oder unten (was ebenfalls später auf ganz andere Bereiche übertragen wird) und vieles andere mehr. Im Hinblick auf die Verbindung zwischen Zahlen und Bewegung, haben wir an anderer Stelle (31) bereits den experimentellen Befund erwähnt, dass sich die Finger einer Hand weiter öffnen, wenn sie einen Klotz ergreifen, auf dem die Zahl 8 geschrieben ist, als einen gleichgroßen Klotz auf dem eine 2 geschrieben steht (1). Wir können eines nicht: Die Zahl auf dem Klotz nicht wahrnehmen. Befindet sich die Zahl jedoch erst einmal in unserem System, so hat sie Auswirkungen auf die Motorik: Unsere Finger gehen weiter auseinander, wenn sie die „große 8“ ergreifen als die „kleine 2“.

Wie erwähnt, besteht ein ganz allgemeines Charakteristikum der Module unserer Gehirnrinde darin, dass sie *wechselseitig* verbunden sind. Erhält Areal A Input von Areal B, so schickt es seinerseits auch seinen Output zum Areal B zurück. Dieser Output landet zwar auch bei anderen Arealen, aber eben auch bei dem Areal, von dem der Input herkam. Dieses wechselseitige Zuspielen von Informationen zwischen Arealen, so nimmt man heute an, verkörpert gerade die besondere Art der Informationsverarbeitung in der Gehirnrinde. Es ist also nicht der Fall, dass einzelne Module „isoliert vor sich hinrechnen“ und nach Abschluss dieses Prozesses ihre Ergebnisse *dann* weiterleiten. Vielmehr *ist* das wechselseitige Zuspielen selber die Art und Weise wie unsere Gehirnrinde Information verarbeitet.

Wenn dem so ist, dann sollte es nicht nur Verbindungen von den Zahlen zur Motorik geben, sondern auch umgekehrt Verbindungen von der Motorik zu den Zahlen. Anders ausgedrückt: Wie gut wir mit unseren Fingern umgehen können und vor allem während unserer Kindheit Gelegenheit hatten umzugehen, ist bedeutsam für die Fähigkeit, mit Zahlen zu hantieren. So konnte Marie Pascal Noël (27) an 41 Kindern nachweisen, dass diejenigen, die ihre Finger besser handhaben können, später besser in Mathematik sind. Man bezeichnet diese Fähigkeit des Handhabens der eigenen Finger als *Finger-Gnosie* (griech. *gnosis*: Erkenntnis). Vor zwei Jahren wurde sogar eine Studie an 47 Erstklässlern publiziert, deren Ergebnisse Hinweise darauf liefern, dass ein Training der Finger-Gnosie die mathematischen Fähigkeiten verbessert. Die Kinder wurde zunächst in drei Gruppen aufgeteilt, eine Gruppe mit gering ausgeprägter Finger-Gnosie, die trainiert wurde, eine zweite Gruppe mit ebenfalls gering ausgeprägter Finger-Gnosie, die das Verstehen von Geschichten trainierte (Kontrollgruppe) und eine dritte Gruppe von Kinder mit gut ausgeprägter Finger-Gnosie, die einfach nur ganz normal die Schule besuchte, wie die Kinder der anderen beiden Gruppen auch. Nach der achtwöchigen Trainingsperiode mit wöchentlich zwei Sitzungen von einer halben Stunde Dauer zeigte sich, dass die Fähigkeit zur Finger-Gnosie in der entsprechenden Trainingsgruppe zugenommen hatte. Die Kinder konnten zudem Zahlen besser mit ihren Fingern repräsentieren und schnitten in Aufgaben zur Quantifizierung besser ab (15).

Das Gegenteil der Fähigkeit der Finger-Gnosie ist das aus der Neuropsychologie bekannte Defizit der *Finger-Agnosie*, die „Unkenntnis der Finger" (bei erhaltener Sensibilität und Motorik und Sprachfähigkeit), das heißt, die Unfähigkeit zur Benennung einzelner Finger, zum Bewegen eines bestimmten genannten Fingers bzw. zum Bewegen eines vom Untersucher berührten Fingers (2, 18, 24). Dieses Symptom wurde erstmals von Josef Gerstmann (Abb. 15-3) 1924 als „Störung der Orientierung am eigenen Körper" (13) beschrieben und ist Teil des Gerstmann-Syndroms, das bei Ausfällen im Bereich des unteren Parietalhirns und der mittleren Occipitalwindung auftritt (14) und neben der Finger-Agnosie in Rechenschwierigkeiten (Akalkulie), Links-Rechts-Verwechslung sowie in Schwierigkeiten beim Schreiben (Agraphie) besteht. Diese klinische Beobachtung, insbesondere die Verbindung der (neuronalen Repräsentation der) Finger mit der neuronalen Repräsentation des Rechnens und des Raums (links/rechts) muss man aus heutiger Sicht bewundern.

Dass Zahlen in unserem Gehirn keineswegs nur in Gestalt unserer Finger repräsentiert sind, zeigt ein ganz einfaches Experiment. Schließen Sie bitte die Augen und stellen Sie sich die Zahlen von 1 bis 9 auf einer Linie vor. Wie sieht Ihr Vorstellungsbild aus? – Die meisten Leute sagen, dass

Abb. 15-3 Der österreichische Neurologe Josef Gerstmann (geb. 1887 in Lemberg in der heutigen Ukraine; gestorben 1969 in New York) floh 1938 nach der Annexion Österreichs durch das Deutsche Reich vor den Nationalsozialisten nach Washington.

sie sich eine horizontale Linie vorstellen, mit der 1 links, gefolgt von der 2 usw., bis zur 9 auf der rechten Seite. Wir stellen uns also einen *Zahlenstrahl* im Raum vor. Da wir uns die kleineren Zahlen eher auf der linken Seite vorstellen, die größeren eher auf der rechten und da die rechte Gehirnhälfte für die linke Seite und die linke Gehirnhälfte für die rechte Seite zuständig ist, lassen sich Hinweise für einen solchen Zahlenstrahl in unserem Kopf durch entsprechende Experimente finden. In einer ganz einfachen Aufgabe sehen die Versuchspersonen zunächst eine Zahl (die Referenzzahl) und danach eine zweite Zahl, die entweder größer oder kleiner ist als die zuerst gesehene Referenzzahl. Sie sollen dann mit dem rechten oder linken Zeigefinger ihre Entscheidung anzeigen, ob die zweite Zahl größer oder kleiner ist als die erste. Es zeigt sich, dass Versuchspersonen im Durchschnitt mit der linken Hand rascher antworten, wenn die Zahl kleiner ist als die Referenzzahl, und mit der rechten Hand rascher antworten, wenn die Zahl größer ist als die Referenzzahl. Dabei ist das Ganze unabhängig von der jeweiligen konkreten Zahl: Es ist also nicht so, dass alle Zahlen kleiner als eine ganz bestimmte Zahl in der rechten Hemisphäre und alle größeren Zahlen in der linken Hemisphäre repräsentiert sind. Die gleiche Zahl kann vielmehr links oder rechts repräsentiert sein – es hängt davon ab, welche Referenzzahl zuerst gezeigt wird (also wo genau auf dem Zahlenstrahl wir uns mental gerade befinden).

Wir können uns im Kopf gleichsam am Zahlenstrahl entlang hangeln, sodass die Referenzzahl in der Mitte liegt und die größeren Zahlen auf der rechten Seite unseres visuellen Feldes und damit eher in der linken Gehirnhälfte und die kleineren Zahlen auf der linken Seite des Zahlenstrahls und damit unseres visuellen Feldes und damit eher in der rechten Gehirnhälfte zu liegen kommen (7). Der Effekt tritt selbst dann auf, wenn man die Zahlen nicht als Zahlen präsentiert, sondern als Zahlwörter. Er entsteht also nicht allein durch die Art wie wir Zahlen (bzw. Text) *lesen*. Man könnte nun meinen, dass es sich um ganz allgemeine Auswirkungen der Lateralisierung unseres Gehirns handelt. Dies ist jedoch nicht der Fall, wie durch eine clevere Abwandlung des Experiments gezeigt werden konnte: Überkreuzt man die Hände vor dem Körper, drückt also die linke Taste mit der rechten Hand und die rechte Taste mit der linken Hand, so zeigt sich ebenfalls ein linksseitiger Verarbeitungsvorteil (schnellere Reaktionszeiten) für kleinere Zahlen, obgleich die Versuchsteilnehmer nun die Tasten mit ihrer rechten Hand (kontrolliert durch die linke Gehirnhälfte) drückten. Umgekehrt bestand ein Verarbeitungsvorteil für vergleichsweise größere Zahlen für die rechte Seite, obgleich die rechte Taste mit der linken Hand (rechte Gehirnhälfte) gedrückt wurde. Weiterhin hat man gefunden, dass der Effekt auch bei der Reaktion mit nur einer Hand auftritt, dass also kleiner eher links und größer eher rechts verarbeitet wird (12, 22).

Der Zahlenstrahl hat damit eher etwas mit dem Raum um uns zu tun als mit unseren Fingern. Er stellt eine andere, abstraktere innere Repräsentation von Zahl dar als die (zählenden) Finger. Und er entwickelt sich später, was zu der Erkenntnis der Entwicklungsneurologie passt, dass der Parietallappen (der Ort von Raumkognition und des Zahlenstrahls; 16, 17) sich deutlich später entwickelt als einfache sensomotorische Areale, die bei Fingerspielen und beim Fingerzählen involviert sind. Sollte es dennoch möglich sein, dass man die (Gedächtnis-)Spuren der Finger auch beim Erwachsenen, der über Zahlen nachdenkt, bemerkt?

Zum einen sprechen die erwähnten Ergebnisse zum Greifen von Klötzen, auf denen Zahlen stehen, für diese Hypothese (1, 31). Zum zweiten auch die ganz allgemeinen entwicklungspsychologischen Überlegungen, die kurz angeführt wurden: Höhere Verarbeitungsebenen „lernen" von den einfacheren. Und die Spuren auf den einfachen Ebenen sind recht veränderungsresistent, wie Studien zur Reorganisation einfacher sensorischer kortikaler Areale gezeigt haben (5). Zum dritten gibt es eine Reihe von Studien, die mittels unterschiedlicher Methoden, einschließlich der funktionellen Bildgebung (23), den Zusammenhang von Fingern und Zahlen nachweisen konnten (6, 10, 26, 28, 30).

Hier reiht sich eine kürzlich erschienene Studie (11) an 24 deutschen und 27 chinesischen gesunden Versuchspersonen beiderlei Geschlechts im Alter von etwa Mitte 20 ein, die eine einfache Zahlenvergleichsaufgabe durchführen mussten (Abb. 15-4). Man weiß schon lange, dass die Zahlenvergleichsaufgabe umso schwerer ist, je größer die Zahlen sind. Wir sind also bei „2/4" schneller als bei „12/14".

Die Chinesen wurden untersucht, weil man in diesem Kulturkreis anders mit den Händen zählt (Abb. 15-5):

Abb. 15-4 Welche Zahl ist größer? Die Studienteilnehmer sollen die Taste auf der Seite der größeren Zahl drücken, die jeweils links oder rechts stehen kann. Es wurden nur Zahlenpaare mit einem Abstand von 2 verwendet, von „1/3" bzw. „3/1" bis „18/20" bzw. „20/18". Aus handwerklichen Gründen (z. B. Ausbalancieren der Seiten) brauchte es insgesamt 432 Durchgänge je Versuchsperson.

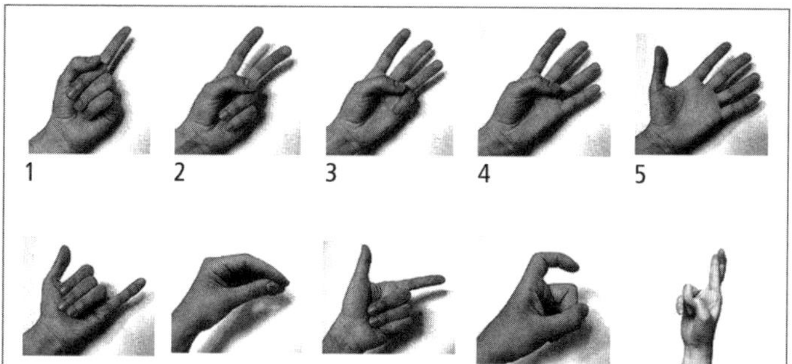

Abb. 15-5 Fingerzählen auf chinesisch.

Beim Zählen mit den Fingern verwenden die Chinesen bis einschließlich 10 nur eine Hand. Erst wenn die 11 ins Spiel kommt, braucht es also einen Transfer zwischen den Gehirnhälften und damit mehr Zeit für die Verarbeitung. Bei deutschen Versuchspersonen sollte das schon ab der 6 der Fall sein. Zudem kommt noch hinzu, dass die Aufgabe dann leicht ist (und die Reaktionszeiten kürzer), wenn auf der einen Seite des Vergleichs eine einstellige und auf der anderen Seite eine zweistellige Zahl steht: „Was ist größer: X oder XX?“ kann man für alle X > 0 ohne zu zählen und ohne über die Zahl nachzudenken (das heißt, ohne sie zu erkennen und einzuordnen), entscheiden. Die in Abbildung 15-6 dargestellten Ergebnisse[3] zeigen klar den Effekt der Zahlengröße (je größer desto langsamer die Reaktionszeiten) und den der Einfachheit des Vergleichs einstelliger versus zweistelliger Zahlen (auf „8/10“ und „9/11“ wird schneller reagiert als auf „7/9“ und „10/12“).

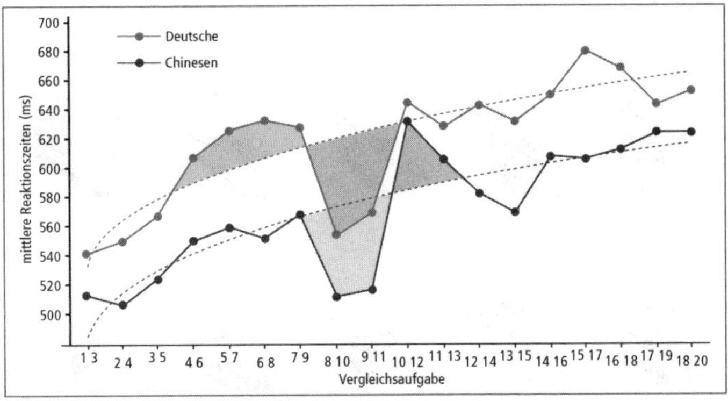

Abb. 15-6 Ergebnisse der Studie (11): Mittlere Reaktionszeiten auf die Zahlenvergleichsaufgaben bei deutschen und chinesischen Versuchspersonen sowie Anpassung einer einfachen Kurve zur Verdeutlichung des Größeneffekts (gestrichelte Kurven).

3 Ich danke den Autoren für die Überlassung der hier dargestellten, in der Arbeit nicht publizierten, untransformierten Reaktionszeiten.

Beide Gruppen der Versuchspersonen zeigen den Größeneffekt und den Effekt der Einfachheit des Vergleichs einer einstelligen mit einer zweistelligen Zahl (Abweichung der gemessen Werte von der gestrichelten Kurve; graue Flächen). Zusätzlich findet man jedoch auch einen differenziellen Effekt in Abhängigkeit von der Art des Fingerzählens: Deutsche Versuchspersonen werden beim Zahlenvergleich langsamer, sobald eine 6, also eine über 5 hinausgehende Zahl verarbeitet werden muss. (Man kann vermuten, dass die zweite Gehirnhälfte beim Fingerzählen notwendig gebraucht wird und damit ein Teil der neuronalen Zahlenrepräsentation die Ansteuerung beider Gehirnhälften voraussetzt.) Chinesische Versuchspersonen zeigen eine entsprechende Verlangsamung dagegen erst bei der 11, weil man in diesem Kulturkreis mit *nur einer* Hand unter Verwendung der Finger bis 10 zählen kann.

Die Ergebnisse zeigen damit, dass es nicht nur einen Einfluss der Zahlen auf die Motorik der Finger bzw. Hand gibt, sondern auch einen Einfluss der Fingermotorik auf die Verarbeitung von Zahlen. Aus dieser Sicht sind Fingerspiele im Kindergarten kein netter Zeitvertreib, sondern Bestandteil des sinnvollen Trainings mathematischer Vorläuferfähigkeiten. „Das ist der Daumen ...“ – nehmen wir das bitte ernst!

Literatur

1. Andres M, Olivier E, Badets A. Actions, words, and numbers. A motor contribution to semantic processing? Curr Dir Psychol Sci 2008; 17: 313–317.
2. Benton AL, Sivan AB, Hamsher K, Varney NR, Spreen O. Contributions to Neuropsychological Assessment. Oxford: University Press 1994.
3. Brozzoli C, Ishihara M, Göbel SM, Salemme R, Rossetti Y, Farne A. Touch perception reveals the dominance of spatial over digital

representation of numbers. Proceedings of the National Academy of Sciences of the USA 2008; 105: 5644–5648.

4. Butterworth B. What Counts. How Every Brain Is Hardwired for Math. New York: The Free Press 1999.
5. Chang EF, Merzenich MM. Environmental noise retards auditory cortical development. Science 2003; 300: 498–502.
6. Dehaene S. The Number Sense. New York: Oxford University Press 1997.
7. Dehaene S, Bossini S, Giraux P. The mental representation of parity and number magnitude. Journal of Experimental Psychology: General 1993; 122: 371–396.
8. Dehaene S, Piazza M, Pinel P, Cohen L. Three parietal cifor number processing. Cognitive Neuropsychology 2003; 20: 487–506.
9. Dehaene S, Molko N, Cohen L, Wilson AJ. Arithmetic and the brain. Current Opinion in Neurobiology 2004; 14: 218–24.
10. Domahs F, Krinzinger H, Willmes K. Mind the gap between both hands: Evidence for internal finger-based number representations in children's mental calculation. Cortex 2008; 44: 359–367.
11. Domahs F, Moeller K, Huber S, Klaus Willmes K, Nuerk H-C. Embodied numerosity: Implicit hand-based representations influence symbolic number processing across cultures. Cognition 2010; doi:10.1016/j.cognition.2010.05.007.
12. Fias W, Fischer MH. Spatial representation of numbers. In: Campbell JID (Hg.) Handbook of Mathematical Cognition. Hove: Psychology Press 2005.
13. Gerstmann J. Fingeragnosie: Eine umschriebene Störung der Orientierung am eigenen Körper. Wiener klinische Wochenschrift 1924; 37: 1010–1012.
14. Gerstmann J. Zur Symptomatologie der Hirnläsionen im Übergangsgebiet der unteren Parietal- und mittleren Occipitalwindung. Nervenarzt 1930; 3: 691–695.
15. Gracia-Bafalluy M, Noël MP. Does anger training increase young children's numerical performance? Cortex 2008; 44: 368–375.
16. Göbel S, Walsh V, Rushworth MFS. The mental number line and the human angular gyrus. Neuroimage 2001; 14: 1278–1289.
17. Göbel SM, Johansen-Berg H, Behrens T, Rushworth MFS. Response-selection-related parietal activation during number comparison. Journal of Cognitive Neuroscience 2004; 16: 1–17.

18. Hodges JR. Cognitive Assessment for Clinicians. Oxford: University Press 1994.
19. Ifrah G. The Universal History of Numbers. New Dehli: Penguin Books 2000.
20. Iversen W, Nuerk HC, Jager L, Willmes K. The influence of an external symbol system on number parity representation, or what's odd about? Psychonomic Bulletin & Review 2006; 13: 730–736.
21. Kadosh RC et al. Notation-dependent and -independent representations of numbers in the parietal lobes. Neuron 2007; 53: 307–314.
22. Kadosh RC. The laterality effect: Myth or truth? Consciousness and Cognition 2008; 17: 350–354.
23. Kaufmann L, Vogel SE, Wood G, Kremser C, Schocke M, Zimmerhakl L-B, Koten JW. A developmental fMRI study of nonsymbolic numerical and spatial processing. Cortex 2008; 44: 376–385.
24. Lezak MD. Neuropsychological Assessment. Oxford: University Press 1995.
25. Neugebauer O. The Exact Sciences in Antiquity, 2. Aufl. New York: Dover Publications 1969.
26. Nieder A. Counting on neurons: The neurobiology of numerical competence. Nature Reviews Neuroscience 2005; 6: 177–190.
27. Noël MP. Finger gnosia: A predictor on numerical abilities in children? Child Neuropsychology 2005; 11: 413–430.
28. Penner-Wilger M et al. The foundations of numeracy: Subitizing, finger gnosia, and fine motor ability. Proceedings of the 29th Annual Conference of the Cognitive Science Society. Mahwah, NJ: Erlbaum 2010.
29. Richmond BG, Begun DR, Strait DS. Origin of human bipedalism: The knuckle-walking hypothesis revisited. Yearbook of Physical Anthropology 2001; 44: 70–105.
30. Sato M, Cattaneo L, Rizzolatti G, Gallese V. Numbers within our hands: Modulation of corticospinal excitability of hand muscles during numerical judgment. Journal of Cognitive Neuroscience 2007; 19: 684–693.
31. Spitzer M. Geist in Bewegung. In: Aufklärung 2.0. Stuttgart: Schattauer 2010: 115–124.

16 Charisma im Gehirn

Fürbitten im Scanner

Haben sie sich auch schon einmal gefragt wie es geschehen kann, dass ein charismatischer Mensch so viel Einfluss auf andere Menschen haben kann? Ein charismatischer Redner, Prediger, Politiker oder anderweitig als Führungsperson identifiziertes Individuum verändert scheinbar das Wahrnehmen, Denken und Fühlen seiner Anhänger, er „verzaubert" sie, von den scheinbar magischen Fähigkeiten einer historischen Person, die man damals den „Führer" nannte, einmal gar nicht zu reden. Wie konnte der bewirken, dass so viele Menschen ihren kritischen Verstand nicht mehr zum Einsatz brachten? Oder ganz einfach gefragt: Wie funktioniert eigentlich Charisma?
Um dies herauszufinden, taten sich dänische Religions- und Neurowissenschaftler zusammen. Sie rekrutierten jeweils 18 gläubige Christen und 18 eher weltlich eingestellte Versuchspersonen ohne praktische Erfahrungen im Beten (Männer und Frauen im Alter von etwa Mitte 20), die mittels funktioneller Magnetresonanztomografie untersucht wurden. Bei der Gruppe der tiefgläubigen Christen handelte es sich um Mitglieder der Pfingstbewegung (Pfingstler), einer Glaubensbewegung, der weltweit mehrere hundert Millionen Menschen angehören (in Deutschland gibt es etwa 300 000). Sie praktizieren ihren Glauben aktiv und sprechen vor allem häufig sowohl gemeinsam als auch privat Gebete für das Wohlbefinden anderer. Diese Menschen glauben sowohl an die heilende Kraft des Gebetes, an Heilung durch Handauflegen und auch daran, dass es Personen mit speziellen heilenden Kräften gibt. Die weltlichen Versuchspersonen hingegen glaubten nicht an den heilenden Effekt von Gebeten und hatten auch keine entsprechenden Erfahrungen.

Allen Versuchspersonen wurde vor dem Experiment mitgeteilt, dass es sich um eine Studie zu den zentralnervösen Korrelaten der heilenden Wirkung eines Gebetes durch einen anderen Menschen handele. Die Probanden mussten im Scanner 18 verschiedene Gebete anhören, die von drei unterschiedlichen männlichen Sprechern gesprochen wurden. Vor jedem Gebet wurde den Probanden zusätzlich über Kopfhörer mitgeteilt, zu welcher von drei Kategorien der betende Sprecher gehörte: einer war ein Nichtchrist, ein zweiter ein Christ und beim dritten handelte es sich um einen Christen mit bekannten spirituellen Heilkräften. Tatsächlich jedoch handelte es sich bei allen drei Sprechern um ganz normale Christen, von denen jeder alle 18 Gebete gesprochen hatte, die dann per Zufallswahl auf die drei Kategorien verteilt wurden (so wurde für Einflüsse der Intonation, des Dialektes oder des Akzentes der Sprecher auf die Ergebnisse kontrolliert). Die Versuchspersonen glaubten jedoch, dass sie sechs Gebete von einem Nichtchristen, sechs Gebete von einem Christen und sechs Gebete von einem Christen mit Heilkräften hörten.

Vor dem Experiment im Magnetresonanztomografen füllten sämtliche Teilnehmer noch einen Fragebogen zu Glaubensfragen aus, dessen Ergebnisse in Abbildung 16-1 wiedergegeben sind. Nach dem Experiment füllten sämtliche Versuchspersonen wiederum einen Fragebogen aus, in dem sie zum wahrgenommenen Charisma des Betenden Fragen beantworteten.

Die Gruppe der Christen hatte heilende Gebete für durchschnittlich 12 Jahre praktiziert und zwar (ebenfalls durchschnittlich) 33 Mal pro Monat. Keine der weltlichen Versuchspersonen hatte damit Erfahrungen.

Die Einschätzungen des Charismas der jeweils Betenden waren in beiden Gruppen erwartungsgemäß verschieden. Wenn auch die Gruppe der weltlichen Versuchspersonen nicht ganz unempfindlich gegenüber der Suggestion war,

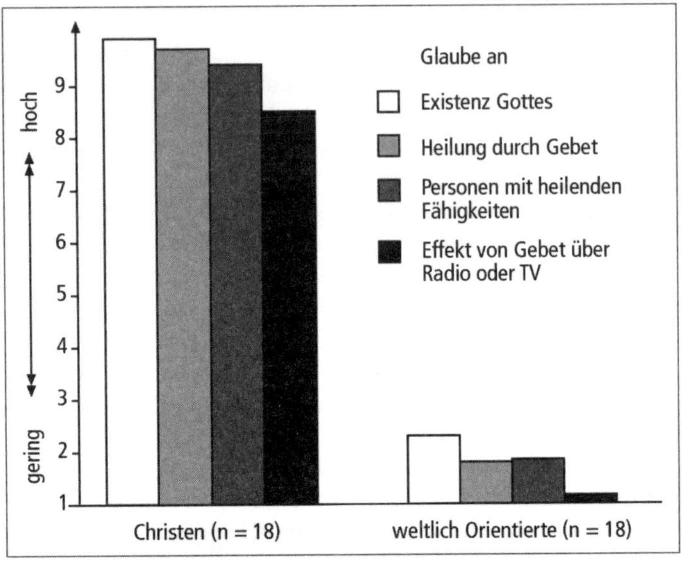

Abb. 16-1 Selbsteinschätzung (Mittelwerte beider Gruppen) der Religiosität auf einer Skala von 1 (z.B. „ich glaube nicht an Gott“) bis 10 (z.B. „ich bin mir ganz sicher, dass Gott existiert“) im Hinblick auf verschiedene Inhalte (nach 1).

dass ein Christ mit heilenden Kräften mehr Charisma hat als ein Nichtchrist, so waren die Unterschiede in dieser Gruppe nur numerisch vorhanden und statistisch nicht signifikant (Abb. 16-2, rechte Säulen). Bei den strenggläubigen Christen hingegen wurde das Charisma der Betenden jeweils in Abhängigkeit davon, um wen es sich vermeintlich handelte, unterschiedlich eingeschätzt.

Besonders deutlich waren die Unterschiede zwischen den Gruppen zudem in der Erfahrung der Anwesenheit Gottes während der jeweiligen Gebete (Abb. 16-3). Die Christen spürten die Anwesenheit Gottes, wenn ein ver-

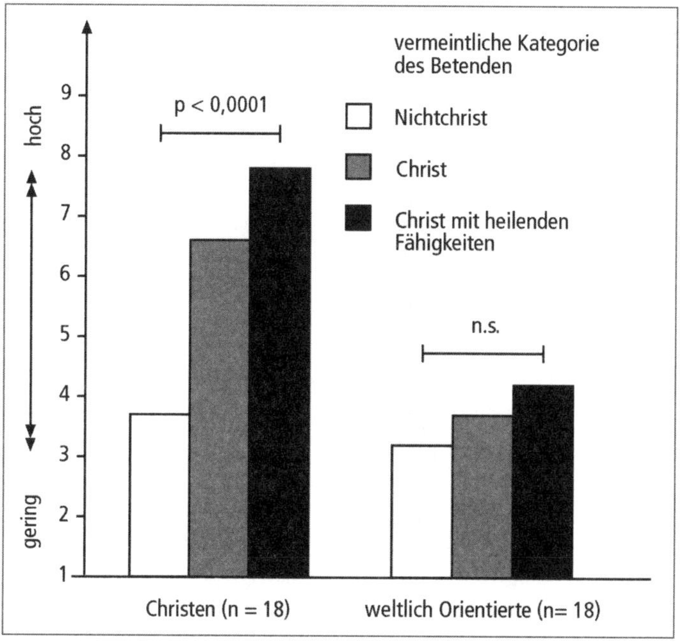

Abb. 16-2 Einschätzung des Charismas auf einer Skala von 1 (keines) bis 10 (sehr stark) des Betenden in Abhängigkeit von der Versuchsgruppe und von der vermeintlichen Kategorie des Betenden (nach 1).

meintlicher Christ oder ein vermeintlicher Christ mit Heilkräften ein Gebet sprach signifikant stärker, als wenn ein vermeintlicher Nichtchrist ein Gebet sprach.

Die Analyse der funktionellen Bildgebung ergab Folgendes (Abb. 16-4): Bei den weltlichen Versuchspersonen gab es keinen Effekt der unterschiedlichen Bedingungen. Bei den Christen hingegen war das anders: Bei der Gruppe der gläubigen Christen gab es signifikante Aktivierungsunterschiede beim Kontrast zwischen dem Hören eines vermeint-

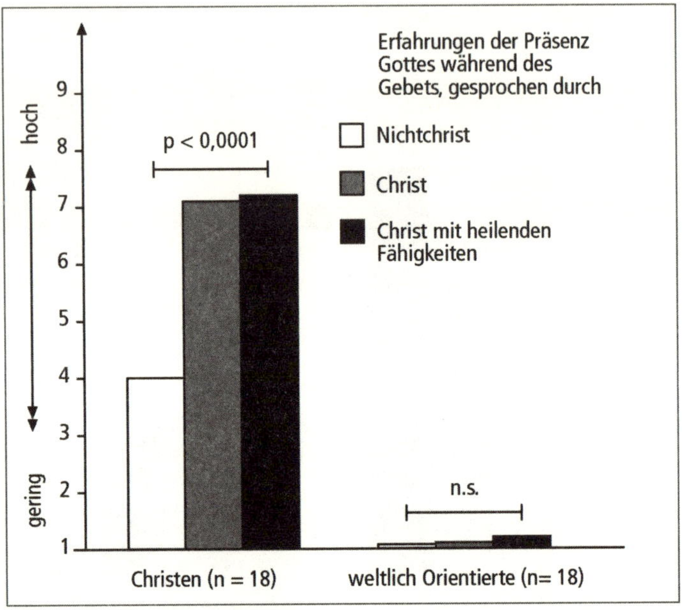

Abb. 16-3 Einschätzung der Erfahrung von Gottes Anwesenheit auf einer Skala von 1 (gering) bis 10 (stark) während des Gebets in Abhängigkeit von der Versuchsgruppe und von der vermeintlichen Kategorie des Betenden (nach 1).

lich von einem Nichtchristen gesprochenen Gebetes und dem Hören eines Gebetes, das vermeintlich durch einen Christen mit Heilkräften gesprochen wird. Diese Unterschiede betrafen den anterioren präfrontalen Kortex, den dorsolateralen präfrontalen Kortex sowie den medialen präfrontalen Kortex, den anterioren Gyrus cinguli und das Kleinhirn. Weiterhin zeigten sich Aktivierungsunterschiede im temporo-parietalen Übergang und im inferioren temporalen Kortex.

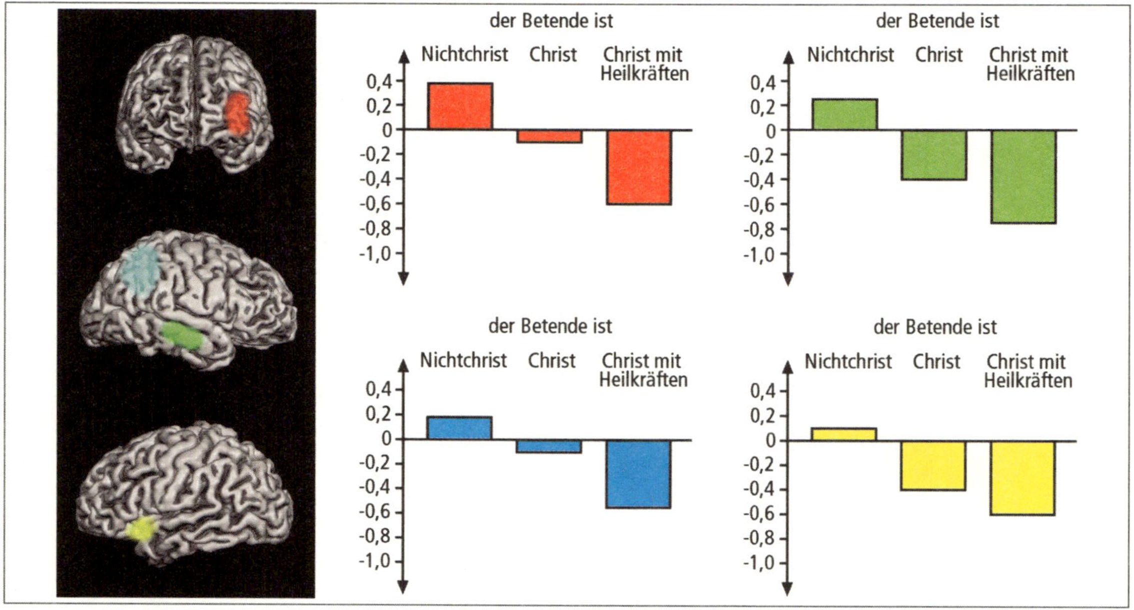

Abb. 16-4 Schematische Darstellung der Aktivierungsunterschiede bei der Gruppe der strenggläubigen Christen in Abhängigkeit von der vermeintlichen Kategorie des Betenden (nach 1).

Auch fand sich bei den strenggläubigen Christen ein Zusammenhang zwischen der Einschätzung des Charismas und der Aktivierung in diesen Arealen im Sinne einer umso höheren Deaktivierung der Areale, je höher das Charisma des Betenden eingeschätzt wurde. Bei den weltlichen Versuchspersonen fand sich dieser Zusammenhang nicht. Es fanden sich zudem signifikante Zusammenhänge zwischen der erlebten Anwesenheit von Gott und der Deaktivierung im temporo-polaren und orbitofrontalen Bereich ($p = 0{,}008$), im inferioren temporalen Kortex ($p = 0{,}005$) sowie im Kleinhirn ($p = 0{,}039$). Die Deaktivierungen in Abbildung 16-4 gehen also nicht allein auf das Konto des Charismas des Betenden, sondern auch auf das Konto der erlebten Anwesenheit von Gott.

Ein Gruppenvergleich zeigte weiterhin signifikante Differenzen zwischen den beiden Versuchsgruppen der Christen und Nichtchristen im dorsolateralen präfrontalen Kortex, im medialen präfrontalen Kortex, im temporo-parietalen Übergang, im inferioren temporalen Kortex und im lateralen orbitofrontalen Kortex.

Was bedeuten diese Daten? – Der Befund einer Deaktivierung frontaler und parietaler Bereiche, die seit Langem mit exekutiven Funktionen in Verbindung gebracht werden (2, 3), legt nahe, dass der Gläubige, der erlebt, dass für ihn gebetet wird, seine kognitive Kontrolle gewissermaßen abgibt und dem charismatischen Vorbeter überlässt. Ähnliches wurde auch für den Zustand der Hypnose gefunden. Es ist daher nicht zu verstehen, dass die Autoren diesen Zusammenhängen, ebenso wie den Zusammenhängen mit anderen Persönlichkeitsvariablen, nicht nachgegangen sind. Sie schreiben hierzu: „Wegen der unklaren Datenlage zum Zusammenhang zwischen charismatischen Gläubigen und Persönlichkeitszügen [...] sowie hypnotischer Suszeptibilität [...] haben wir uns entschieden, keine Daten zur hypnotischen Suszeptibilität und zu Persönlichkeitszügen zu erheben“ (1, S. 2; Übersetzung durch den Autor). Das ist sehr schade: Gerade dann, wenn aufgrund der vorhandenen Daten die Zusammenhänge unklar sind, muss man neue Daten erheben! Wenn es klar wäre, bräuchte man das nicht.

Aus meiner Sicht ist es nicht uninteressant, wenn sich Wissenschaftler verschiedenster Ausrichtung zusammentun, um ungewöhnliche Fragen zu beantworten. Was ist Charisma? Wie wirkt es? Warum unterliegen wir ihm so stark? – diese Fragen haben eine enorme Bedeutung, wenn man sich in der Geschichte auch nur ein klein wenig umschaut, von der Religionsgeschichte gar nicht zu reden. Gehirnforschung lässt uns uns selbst besser verstehen, auch unsere Fehler und Schwächen (4).

Das Folgen eines charismatischen Führers gehört ebenso wie die Fähigkeit zur Religiosität sicherlich zu denjenigen Eigenschaften von Menschen, die eine evolutionäre Entwicklung hinter sich haben und in der Vergangenheit einen Vorteil (zumindest für die Gesamtgruppe, der Einheit des Überlebens stark sozial organisierter Arten) darstellten, denken wir nur an die Konsequenzen dieser Eigenschaft bei Auseinandersetzungen zwischen Gruppen. Man versteht angesichts dieser Daten plötzlich besser, wie „vernünftige“ Menschen unter dem Einfluss eines charismatischen Menschen so unvernünftig sein können, bis hin zu Tötung oder Selbstaufopferung. Eine Herabminderung (Deaktivierung) kritischer Kontrollfunktionen (des „kritischen Verstandes“, wie man früher gesagt hätte) ist als Mechanismus zumindest plausibel. Ob wir sie künftig kultivieren oder durch aufgeklärte Reflexion (wie in manchen Formen des Christentums) ersetzen sollten – darüber weiter nachzudenken, überlasse ich dem Leser.

Literatur

1. Schjoedt U, Stødkilde-Jørgensen H, Geerzt AW, Lund TE, Roepstorff A. The power of Charisma inhibits the frontal executive network of believers in intercessory prayer. Social Cognitive and Affective Neuroscience 2010; doi: 10.1093/scan/nsq023.
2. Spitzer M. Selbstkontrolle. Die Rolle der Werte bei Entscheidungen. In: Aufklärung 2.0. Stuttgart: Schattauer 2010; 60–70.
3. Spitzer M. Fettnäpfchen und weiße Bären. In: Aufklärung 2.0. Stuttgart: Schattauer 2010; 102–14.
4. Spitzer M. Aufklärung 2.0. Gott, der Markt, die Gehirnforschung und Denken in der Krise. In: Aufklärung 2.0. Stuttgart: Schattauer 2010; 1–11.

17 Generation Google

Wie verändern digitale Medien unsere Bildung, Moral und personale Identität?[1]

Digitale Medien (z. B. Computer, Satellitenfernsehen, Spielekonsolen, Smartphones) verändern unser Leben. In den USA verbringen Jugendliche mittlerweile mehr Zeit mit digitalen Medien – 7,5 Stunden täglich (Tab. 17-1, Abb. 17-1, 17-2) – als mit Schlafen, wie eine repräsentative Studie an mehr als 2000 Kindern und Jugendlichen im Alter von 8 bis 18 Jahren ergab (13). Auch in Europa wird mit Medienkonsum (5,5 Stunden täglich) mehr Zeit zugebracht als in der Schule (knapp 4 Stunden[2]). Sollte dies Grund zum Jubeln oder zur Besorgnis sein?

Ich möchte zeigen, dass zur Beantwortung dieser Frage nicht nur Erlebnisberichte und empirische Studien, sondern auch die Gehirnforschung beitragen kann. Der Publizist Nicolas Carr (3) beschreibt die subjektiv erlebten Folgen seines Internetgebrauchs so: „Das Netz scheint mir meine Fähigkeit zur Konzentration und Kontemplation zu zerstören. Mein Geist erwartet nun, Informationen in genau der Weise aufzunehmen, wie sie durch das Netz geliefert werden: In Form eines rasch bewegten Stroms kleiner Teilchen [...] Meine Freunde sagen dasselbe: Je mehr sie das Netz benutzen, desto mehr müssen sie kämpfen, um sich auf das Schreiben längerer Abschnitte zu konzentrieren."

---

1 Eine gekürzte Fassung dieses Beitrags (ohne Abbildungen, Tabellen und Quellenangaben) erschien am 22.9.2010 unter dem Titel „Im Netz" in der FAZ.

2 In der Schule sind 35 Wochenstunden Unterricht 35-mal 45 min = 26,25 Stunden. Auf sieben Tage verteilt entspricht das 3,75 Stunden.

Tab. 17-1 Mediennutzung in den USA in den Jahren 1999, 2004, 2009 (13).

Medium	**Zeit pro Tag (Stunden:Minuten)**		
	1999	**2004**	**2009**
Fernsehen	3:47	3:51	4:29
Musik	1:48	1:44	2:31
Computer	0:27	1:02	1:29
Videospiele	0:26	0:49	1:13
Bücher, Zeitschriften	0:43	0:43	0:38
Kino	0:18	0:18	0:25
Mediennutzung gesamt	**7:29**	**8:33**	**10:45**
Multitasking-Anteil (%)	16	26	29
Zeit	**6:19**	**6:21**	**7:38**

Abb. 17-1 Titelseite des Reports (13).

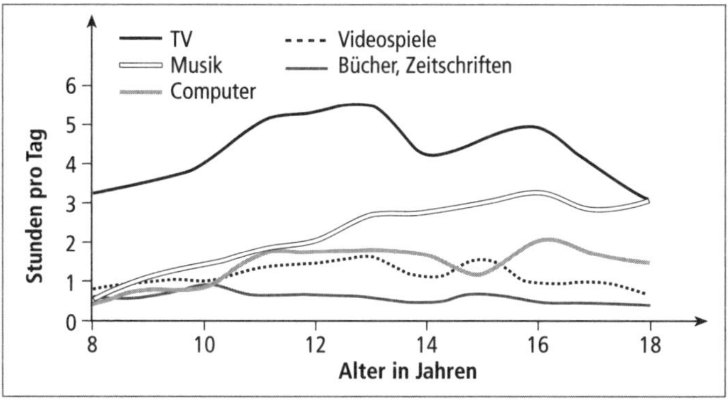

Abb. 17-2 Mediennutzung in Abhängigkeit vom Alter (13).

In einer US-amerikanischen Studie von 2006 zum Medienkonsum Jugendlicher (12) beschrieb ein 17-Jähriger seinen Alltag wie folgt: „Jede Sekunde, die ich online verbringe, bin ich am Multitasken. Jetzt gerade schaue ich fern, checke meine E-Mails alle zwei Minuten, lese Nachrichten darüber, wer Kennedy erschoss, brenne Musik auf eine CD und schreibe diese Nachricht." Die Mutter eines 15-Jährigen schildert die Vorbereitung ihres Sohnes auf eine Klassenarbeit (10): „Die Lehrbücher lagen ungeöffnet in seiner Tasche, wohingegen sein Laptop immer auf seinem Schreibtisch offen war. Auf dem Bildschirm war irgendein Geschichte/Englisch/Physik Dokument offen, aber auch seine Facebook- und iTunes-Seiten. In seinen Ohren spielten die iPod-Ohrhörer einen Podcast und manchmal, nur um seine Konzentration noch weiter zu zerbrechen, lief noch zugleich ein Video auf *YouTube*."

Ein Charakteristikum des digitalen Zeitalters besteht zunächst darin, dass viele Menschen nahezu ihre gesamte wache Zeit online verbringen, also permanent mit unterschiedlichsten Texten und Bildern konfrontiert werden.

Wie vor etwa einem halben Jahrhundert bei der Einführung des Fernsehens sah man die Auswirkungen digitaler Medien auf Bildungsprozesse zunächst ausschließlich positiv: Der ungehinderte Zugang zu Informationen wurde mit grenzenlosen Bildungschancen für alle und mit ungeahntem psychologischem, sozialem und ökonomischem Fortschritt gleichgesetzt.

Im Hinblick auf das Fernsehen weiß man längst, dass diese Bildungsrevolution nicht stattgefunden hat. Im Gegenteil: TV-Konsum korreliert negativ mit der Bildung der Konsumenten. Bei den digitalen Medien ist dies ähnlich: Ein Computer zuhause geht mit *schlechteren* Schulleistungen von 15-Jährigen einher, wie eine Auswertung der PISA-Daten zeigte (5). Eine Playstation kann bereits nach vier Monaten mit schlechteren Schulleistungen und mehr Schulproblemen in Zusammenhang gebracht werden (s. Kap. 7, S. 61ff.; 20).

Was sagt die moderne Gehirnforschung hierzu? Die wichtigste Erkenntnis aus dem Bereich der Neurobiologie der letzten Jahrzehnte ist die, dass sich das Gehirn *durch seinen Gebrauch* permanent ändert. Jedes Wahrnehmen, Denken, Erleben, Fühlen und Handeln hinterlässt Spuren, die man seit mehr als einhundert Jahren auch so nennt: *Gedächtnisspuren*. Waren diese noch bis in die 1980er-Jahre hinein hypothetische Gebilde, so kann man sie heute sichtbar machen, denn Synapsen (jene plastischen, sich ändernden Verbindungsstellen zwischen Nervenzellen, über welche die elektrischen Signale laufen, mit denen das Gehirn arbeitet) können heute fotografiert und sogar gefilmt werden. Man kann zusehen, wie sie sich bei Lernprozessen verändern. Auch die Aktivität ganzer Bereiche des Gehirns lässt sich mittels sogenannter funktioneller bildgebender Verfahren sichtbar machen, wodurch sich die neuronalen Auswirkungen von Lernprozessen gleichsam im großen Stil nachweisen lassen.

Weil das Gehirn *immer* lernt (denn es kann nie nicht lernen!), hinterlässt auch die mit digitalen Medien verbrachte Zeit ihre Spuren in unserem Gedächtnis. Hinzu kommt noch Folgendes: Unser Gehirn ist das Produkt der Evolution, entstand also über eine lange Zeit durch Anpassung an Umweltbedingungen, zu denen digitale Medien definitiv nicht gehörten. So wie man sehr viele Zivilisationskrankheiten als Ausdruck eines Missverhältnisses von der Lebensweise unserer Vorfahren (Jagen und Sammeln, viel Bewegung und ballaststoffreiche Nahrung) zum modernen Lebensstil (wenig Bewegung, ballaststoffarme Nahrung) versteht, lassen sich die negativen Auswirkungen der digitalen Medien auf geistig-seelische Prozesse im evolutions- und neurobiologischen Rahmen deuten. Hierbei lassen sich ganz unterschiedliche Mechanismen und Prozesse beschreiben, die kognitive Leistungen wie Aufmerksamkeit, Sprach- oder Intelligenzentwicklung betreffen, sich also auf die Bildung beziehen. Hinzu kommen Auswirkungen auf emotionale, soziale und psychische Prozesse bis hin zu ethisch-moralischen Einstellungen sowie die Sicht auf uns selbst, also unsere personale Identität. Einige Beispiele sollen das verdeutlichen.

Bis zum Alter von zwei bis drei Jahren können Kinder von Bildschirmen und Lautsprechern nichts lernen. Das zeigen Studien klar: Kalifornische Säuglinge (Lebensalter: neun bis elf Monate) können chinesische Laute lernen, wenn ihnen eine Chinesin vorliest, nicht jedoch von CD-ROM oder Video, auch wenn darauf die gleiche Chinesin vorliest. Kinder brauchen sozialen Kontakt und die Stimulation aller Sinne, die zudem räumlich und zeitlich exakt zusammenpassen muss: Nur wenn sich zwei Gläser berühren macht es „Ping!" Kommt das Geräusch fünf Millisekunden zu früh oder zu spät, kann das Kind beide Sinne nicht zusammenbringen und lernt nicht, was passiert, wenn sich zwei Gläser berühren. Kleine Kinder lernen – das abgedroschene Wort muss hier genannt werden, weil kein anderes besser passt – *ganzheitlich*.

Was geschieht, wenn man dies nicht beachtet, erfuhr der Disney-Konzern schmerzhaft: Seit 2003 vertrieb er mit großem Erfolg DVDs mit der Bezeichnung „Baby-Einstein", die damit beworben wurden, dass bei täglichem Konsum das Baby beispielsweise zum Sprachgenie („language prodigy") werde. Doch eine große Studie US-amerikanischer Kinderärzte an über 1 000 Säuglingen aus dem Jahr 2007 ergab, dass sich der Konsum von Baby-Einstein-DVDs auf die Sprachentwicklung der Kleinen doppelt so negativ auswirkte wie sich tägliches Vorlesen hierauf positiv auswirkte. Im Lichte der chinesisch lernenden Westküstenbabys ist dies nicht verwunderlich: Babys verbringen die meiste Zeit mit Schlafen und sehr viel ihrer wachen Zeit mit Essen, Windeln wechseln und anderen Notwendigkeiten. Wenn sie – was nicht so oft vorkommt – wach, guter Dinge und damit aufnahmefähig sind, und man sie während genau dieser Zeit vor den DVD-Spieler setzt (von dem sie ja nichts lernen können!), geht wertvolle Zeit für Lernprozesse verloren; die intellektuelle Entwicklung leidet.

Angemerkt sei, dass der Disney-Konzern zwei Jahre lang versuchte, die Ergebnisse dieser Studie zu unterdrücken. Seit Herbst 2009 werden die DVDs bei Erstattung des vollen Kaufpreises jedoch zurückgenommen, sogar ohne Kassenbon. Der Grund: Tausende Eltern verklagen den Disney-Konzern auf Schädigung der Bildungsbiografie ihrer Kinder, denn die Sprachentwicklung ist *der* Grundpfeiler der kognitiven Entwicklung. Eine beeinträchtigte Sprachentwicklung kann über einen College-Abschluss entscheiden. Umgerechnet auf die Lebenszeit bedeutet das einen Verdienstausfall von mehr als einer Million US-Dollar. Das könnte für den Konzern sehr teuer werden!

Ganzheitliches Lernen ist auch für Erwachsene wichtig. Sie lernen mit Herz, Hirn *und* Hand, wie Pestalozzi einst sagte. Die moderne Gehirnforschung konnte das eindrucksvoll beweisen. Sind die gleichen unbekannten Gegenstände neu zu lernen, entweder durch Betrachten und Zeigen oder durch Betrachten bei gleichzeitiger Ausführung einer sinnvollen, zum Gegenstand passenden Bewegung, kann man hinterher sehr viel besser über die neu gelernten Dinge *nachdenken*, wenn sie auf die zweite Art erfasst wurden. Etwa ein Drittel unseres Gehirns ist für die Planung, Koordination und Ausführung von Bewegungen zuständig und dieses Drittel wird beim Lernen durch Begreifen aktiv benutzt. Das ist beim Lernen per Mausklick (einer Zeigebewegung) hingegen nicht der Fall. Wer sich die Welt am Bildschirm aneignet, tut dies vergleichsweise oberflächlich und rekrutiert beim Nachdenken darüber nur wenige Nervenzellen (17, 18).

Spätestens ab einem Alter von drei Jahren können Kinder von Bildschirmen lernen, was vor allem die Werbewirtschaft interessiert: Experimente an Kindern im Vorschulalter zeigten, dass diese den Inhalt von Werbespots nach wenigen Darbietungen gelernt hatten und das Produkt auswählten. Kinder in den USA beginnen mit dem Fernsehen im Alter von durchschnittlich neun Monaten und sind durchschnittlich 1,5 Stunden Medienkonsum täglich ausgesetzt. Das mediale Trommelfeuer der Werbung hat unter anderem zur Folge, dass ein Kind bei Schuleintritt mehr als 200 Markennamen kennt.

65% der an Kinder gerichteten Werbung bezieht sich auf Nahrungsmittel, die zu 100% ungesund sind. Die Konsequenz ist die epidemieartige Zunahme von Fettleibigkeit und Diabetes mellitus bei Kindern und Jugendlichen.

Die Neurobiologie des Essverhaltens zeigt: Westliche (hochkalorische) Ernährungsgewohnheiten sowie Suchtstoffe (Nikotin, Amphetamin, Kokain) verringern die Empfindlichkeit des gehirneigenen Belohnungssystems, sodass immer mehr konsumiert werden muss, um den gleichen belohnenden Effekt zu erzielen (s. Kap. 1, S. 1ff. und Kap. 2, S. 16ff.). Der medial verursachte Dauerkonsum von Zucker und Fett entspricht aus neurobiologischer Sicht dem „Anfixen“ mit harten Drogen, zumal sich das Belohnungssystem nach Absetzen von z.B. Amphetamin deutlich schneller wieder normalisiert als nach Absetzen von Käsekuchen und Fritten. Die Medien setzen einen Teufelskreis in Gang, der in Deutschland jährlich – vorsichtig geschätzt – 20 000 Tote und Kosten von 10 bis 15 Milliarden Euro verursacht.

Die medienvermittelten negativen Auswirkungen auf den Körper werden von denen auf den Geist übertroffen, nimmt man die Effekte auf die Bildung und emotionale und personale Prozesse zusammen. Beginnen wir mit der Bildung: Schule wird von Schülern bestenfalls als langweilig, schlimmstenfalls aversiv erlebt; nicht umsonst heißt sie ja der „Ernst des Lebens“. Verglichen mit der nachmittäglich an Konsolen, Computern und Bildschirmen verbrachten Zeit ist Unterricht langweilig. Weil aber Emotionen für Lernprozesse so wichtig sind, wird vormittags nur wenig gelernt. Hinzu kommt, dass das einmal Gelernte noch verfestigt werden muss. Man bezeichnet diese Prozesse als Konsolidierung und weiß, dass sie durch Emotionen störbar sind. Wurde wegen der Langweile vormittags in Französisch und Physik wenig gelernt, dann sorgt die Playstation am Nachmittag dafür, dass das Bisschen, was hängen geblieben wäre, nun *aktiv gelöscht* wird.

Die permanente Online-Existenz wirkt sich zusätzlich negativ aus: Unser Gehirn braucht zur Konsolidierung Zeiten der Ruhe (4, 6, 16, 22). Das kann ein Mittagschläfchen sein, Dösen, Luftlöcher an die Decke starren, die Gedanken einfach treiben lassen und gerade *nicht* Reize von außen verarbeiten – darauf kommt es an. Genau das wird durch ein Leben online verhindert. Dauernd sind wir mit der ganzen Welt verbunden, um den Preis, dass wir uns weniger mit ihr auseinandersetzen, weil wir immer weniger dazu fähig sind.

Ein besonders eindrückliches Beispiel ist das mediale Multitasken, das zeitgleiche Nutzen mehrerer Medien[3]. Eine 2009 publizierte Studie konnte klar zeigen, dass die Generation der Medienmultitasker keineswegs schneller und effektiver denkt, wie manche Medienpädagogen behaupten. Der Einfluss ist vielmehr negativ: Wer (noch) keine Aufmerksamkeitsstörung hat, kann sie sich durch Multitasking antrainieren. Jonathan B. Spira, Analyst der Unternehmensberatung Basex, schätzt die Kosten des Multitasking in der Arbeitswelt auf jährlich 650 Milliarden US-Dollar, wie die *New York Times* vor etwa drei Jahren berichtete (9). Eine Untersuchung hatte ergeben, dass Angestellte fast 30% ihrer Arbeitszeit verschiedenen Unterbrechungen und dem Versuch danach widmen, sich wieder auf ihre angefangene Arbeit zu konzentrieren.

Dass Oberflächlichkeit und Ineffektivität durch die gleichzeitige Benutzung mehrerer Medien eingeübt werden, legt eine Studie von Wissenschaftlern des University College of London zu den Nutzungsgewohnheiten der Online-Bibliothekskataloge nahe (Abb. 17-3). Junge Menschen hüpfen von Inhalt zu Inhalt und bleiben praktisch nie bei einem Inhalt. Bei einem methodischen Vorgehen wäre dies – man denke an den *hermeneutischen Zirkel* – aufgrund des sich einstellenden vertieften Verständnisses zu erwarten.

Besorgte Eltern äußern Betroffenheit, Unmut und Frustration als Folgen der digitalen Medien. Wissenschaftler

3 Es geht hier um mediales Multitasken, obgleich das gleichzeitige Verrichten verschiedener Tätigkeiten auch außerhalb der Medien gelegentlich seltsame Blüten treibt, wie das Zitat einer amerikanischen Schauspielerin verdeutlicht (7): „*Ich mag es, beim Sex ein Buch zu lesen und zu telefonieren. Man kann so vieles zugleich erledigen.*“

Abb. 17-3 Titelseite der Studie der Londoner Bibliothekare (19).

und sogar Internet-Insider werden zunehmend kritisch. Marianne Wolf, Professorin für kindliche Entwicklung mit dem Forschungsschwerpunkt Legasthenie an der Tufts University Boston, äußert in *„Proust and the Squid“* (deutscher Titel: *„Das lesende Gehirn“*) kritische Gedanken über die Veränderungen durch digitale Medien in den Hirnen der Nutzer. Sie gibt zu bedenken, dass mehr und schneller nicht unbedingt besser bedeutet (21).

Der Internet-Veteran, (Mit-)Erfinder und Promotor der virtuellen Realität, Jaron Lanier, stellt in *„You are not a gadget“* (wörtlich: Du bist kein Spielzeug) (Abb. 17-4) als negative Konsequenzen die Anonymität im Internet für die personale Identität der Nutzer heraus: Für ihn verkommt die Schwarm-Intelligenz (*hive-mind*) sehr rasch zur Pöbel-Herrschaft (*mob-rule*). Den Autor dieser Zeilen erreichen nicht selten E-Mails mit Inhalten wie diesem: „Herr Spitzer, ich spiele gerade mit einer virtuellen Kalaschnikow. Wenn ich eine reale hätte, wären Sie der erste, den ich umnieten würde. P. S.: Was Sie über den Zusammenhang zwischen virtueller und realer Gewalt sagen, ist vollkommener Unsinn.“

Abb. 17-4 Zwei internetkritische Bücher von Autoren, die aus diesem Bereich kommen, erscheinen gerade in deutscher Übersetzung.

Zunächst scheinen all die genannten Beobachtungen nichts mit Gehirnforschung zu tun zu haben. Die angeführten Beispiele zeigen aus meiner Sicht jedoch deutlich, dass die moderne Gehirnforschung zum Verständnis dieser Phänomene wesentlich beitragen kann und damit den Schlüssel zur Lösung der mit ihnen verbundenen Probleme sowie vor allem zu einem vernünftigen, das heißt, fruchtbringenden Umgang mit digitalen Medien bereit hält.

Werden Referate in Schulen mittels Power Point gehalten, sind sie nicht automatisch besser. Das Risiko besteht, dass sie inhaltlich gar nicht geistig bearbeitet wurden. Werden Texte „oberflächlich abgeschöpft“ (geskimmt), wird „auf Wellen geritten“ (gesurft) und das Aufschreiben eines Gedankens durch „Kopieren“ (copy) und „Einfügen“ (paste) per Mausklick ersetzt, dann wird dadurch niemand intelligenter! Auch durch E-Learning gelingt das nicht. Man musste einsehen, dass E-Learning nicht funktioniert. Dies wurde jedoch nicht etwa zähneknirschend eingestanden. Man rief vielmehr rasch das Zeitalter des *blended learning* aus. „To blend“ (engl.) heißt „mischen“, und dem Lernen hinzuzumischen sei, damit es wirklich funktioniere, der *Lehrer*. Die sprachliche Arroganz („Hinzumischen“ des Lehrers), mit der hier der Faktor *menschliche Zuwendung und gegenseitige Wertschätzung* in den Lernprozess durch die Hintertür wieder eingeführt wird (notwendig: es klappt sonst nicht!), ist kaum zu überbieten! Und dass dies kaum jemand merkt, zeigt, wie gut das Medienmarketing funktioniert.

Jugendliche haben zunehmend Schwierigkeiten, sich zu konzentrieren, etwas zu lesen, zu verstehen oder einen zusammenhängenden Text zu Papier zu bringen. Ihre Fähigkeit zur Konzentration der Aufmerksamkeit und Versprachlichung von Gedanken hat abgenommen sowie ihre soziale Kompetenz. Denn zur Dummheit gesellt sich eine merkwürdige Dumpfheit: Jugendliche wissen nicht mehr, wie man sich verhält und benimmt. Wenn zwei sich streiten, schreitet man nicht ein, sondern zückt das Handy und filmt das Ganze. Der Bundestag debattierte vor Jahren darüber, dass sich im Allgäu zehn- bis zwölfjährige Grund- und Hauptschüler auf dem Schulhof Hinrichtungsvideos per Bluetooth für fünf bis zehn Euro verkaufen. Wohlgemerkt, im Allgäu, nicht in Berlin-Kreuzberg oder -Neukölln. Die allgemeine Verrohung ist nicht mehr nur ein Problem der Großstadtdschungel, sondern reicht bis in den vermeintlich heilen ländlichen Raum. Ich habe in den USA schon vor 16 Jahren erlebt, dass Schulen wie Gefängnisse aussehen können und auch so bewacht werden und man zur Einschulung einen Brief des Direktors bekommt, in dem er darauf hinweist, dass es verboten sei, den Kindern Handfeuerwaffen mit in die Schule zu geben.

Macht Google uns dumm? – so lautet der Titel eines 2008 publizierten und mittlerweile zum Buch gewordenen Klassikers unter den medienkritischen Essays (2, 3). Die erwähnte Studie der Londoner Bibliothekare weist zumindest in diese Richtung, räumt sie doch mit einer ganzen Reihe von Vorurteilen auf: Die verbreitete Meinung, dass die *Generation Google* die Fähigkeit zu Benutzung eines Computers gleichsam automatisch durch Herumprobieren lernen würde, erweist sich bei genauer Prüfung als „kompletter Mythos". Die Meinung, dass es sich bei dieser Generation um Experten bei der Informationssuche handele, bezeichnen die Autoren sogar als „gefährlichen Mythos". Das Fazit der Autoren sei hier im Original wiedergegeben: „Much has been said recently about the apparent expertise of children using electronic resources, and there are claims that young people are using the Internet more creatively and are becoming more proficient in their use than their teachers, that they tend in any case to be more proficient using information technologies than are their parents or teachers and that they are, in short, 'technologically savvy'. Indeed, this is the popular perception of young people and information technology generally. But there is no evidence in the serious literature that young people are expert searchers, nor that the search skills of young people has improved with time."

Fassen wir zusammen: Die Gehirnforschung zeigt, dass es nicht allein Google ist und nicht allein Dummheit, was uns beunruhigen sollte. Denn weil sich Gehirne mit deren Benutzung ändern, kann die tägliche Nutzung digitaler Medien eines nicht haben: keine Auswirkungen auf Kinder und Jugendliche. Wenn wir uns Mühe gäben, gute Lernsoftware programmierten und an die Schulen brächten, wenn wir uns darüber klar werden, dass mediale Gewalt zu mehr Gewalt in der realen Welt führt (der Zusammenhang ist etwa so stark wie der zwischen Rauchen und Lungenkrebs), wenn wir die Dosis (die wie immer das Gift macht) beschränken (auf Null für Kinder bis drei Jahren bis maximal eine Stunde pro Tag für Schüler der Sekundarstufe II) und wenn Medien niemals dazu verwendet würden, den Kontakt mit Erwachsenen oder anderen Kindern zu ersetzen, dann könnten digitale Medien ein Segen für unsere Gesellschaft sein. Solange dies nicht der Fall ist, ist Vorsicht geboten. Und wer etwas anderes behauptet, der trägt die Beweislast!

Literatur

1. Bennett S, Maton K; Kervin L. The 'digital natives' debate. Br J Educ Technol 2008; 39: 775–86.
2. Carr N. Is Google making us stupid? The Atlantic monthley; Juli 2008.
3. Carr N. The Shallows. New York: Norton 2010.
4. Frank LM, Brown EN, Stanley GB. Hippocampal and cortical place cell plasticity: Implications for episodic memory. Hippocampus 2006; 16: 775–84.
5. Fuchs T, Woessmann L. Computers and student learning: bivariate and multivariate evidence on the availability and use of computers at home and at school. CESifo Working Paper 2004; 1321 (www. CESifo.de).
6. Karlsson MP, Frank LM. Awake replay of remote experiences in the hippocampus. Nature Neuroscience 2009; 12: 913–8.
7. Kirn W. The autumn of the multitaskers. The Atlantic monthley, November 2007.
8. Lanier J. You Are Not a Gadget. New York: Knopf 2010.
9. Lohr S. Is information overload a $650 billion drag on the economy? The New York Times, 2.12.2007.
10. O'Brien C. How the Google generation thinks differently. The Times, 9.7.2008.
11. Ophir E, Nass C, Wagner AD. Cognitive control in media multitaskers. PNAS 2009; doi/10.1073/ pnas.0903620106.

12. Rideout VJ, Hamel E. The media family: Electronic media in the lives of infants, toddlers, preschoolers and their parents. Menlo Park, CA: Kaiser Family Foundation 2006.
13. Rideout VJ, Foehr UG, Roberts DF. Generation M2. Media in the lives of 8–18 year olds. Menlo Park, CA: Kaiser Family Foundation 2010 (www.kff.org).
14. Richtel M. Digital devices deprive brain of needed downtime. New York Times, 24.8.2010.
15. Roberts DF, Foehr UG, Rideout V. Generation M: Media in the lives of 8–18 year olds. Menlo Park, CA: Kaiser Family Foundation 2005 (www.kff.org).
16. Singer AC, Frank LM. Rewarded outcomes enhance reactivation of experience in the hippocampus. Neuron 2009; 64: 910–21.
17. Spitzer M. Multitasking – Nein danke! In: Aufklärung 2.0. Stuttgart: Schattauer 2010; 164–74.
18. Spitzer M. Werkzeuge des Geistes. In: Aufklärung 2.0. Stuttgart: Schattauer 2010; 115–24.
19. UCL. Information behaviour of the researcher of the future. (www.ucl.ac.uk). London: University College 2008.
20. Weis R, Cerankosky BC. Effects of video-game ownership on young boys' academic and behavioral functioning. Psychol Sci 2010; February 18; doi: 10.1177/0956797610362670.
21. Wolf M. Proust and the Squid. New York: HarperColins 2007.
22. Grön G, Sokolov AN, Jonas C, Röbling R, Spitzer M. Magnetic resonance perfusion imaging of the time interval between encoding and retrieval of declarative associative memories. Eingereicht.

18 Macht Bildung gleich oder ungleich?

Menschen haben zwei Bedürfnisse, die einfach nicht unter einen Hut zu bekommen sind: das nach Gleichheit und das nach Ungleichheit. Wer das nicht glaubt, der frage sich einmal nach dem Motor der Mode und der gesamten Bekleidungsindustrie, dem von Luxus und vielen anderen Bestrebungen nach Individualität. Es ist sicherlich nicht übertrieben, wenn man sagt, dass Ungleichheit und das Bedürfnis danach zu den Grundprinzipien unserer Gesellschaftsordnung gehören.

Mit der Gleichheit tun wir uns schwerer. Aber allen gescheiterten Versuchen des real existierenden Sozialismus und Kommunismus zum Trotz steckt in uns Menschen auch das Bedürfnis nach Gleichheit: Nicht umsonst zählt bei Wahlen jede Stimme gleich viel; jedes Leben ist gleichwertig; wenn man Menschen die Möglichkeit gibt, dann bezahlen sie freiwillig für Gleichheit, weil sie sich dann wohler fühlen (5); zu viel Ungleichheit in einer Gesellschaft macht deren Mitglieder nachweislich krank (8); und schließlich wird zumindest die Gleichheit der Chancen auch von denen als unverzichtbar gefordert, die an der Ungleichheit der Resultate nichts ändern möchten.

Man braucht sich nur umzusehen, um zur Kenntnis zu nehmen, dass Menschen faktisch ungleich *sind*: größer oder kleiner, dicker oder dünner, schöner oder hässlicher, schlauer oder dümmer – es gibt unzählige Dimensionen, in denen sich Menschen unterscheiden. Begabungen, Vorlieben und Abneigungen gibt es ebenso wie unterschiedliche erblich angelegte Temperamente, aus denen unter dem Einfluss der Umwelt unterschiedliche Charaktere werden (6). In Bezug auf viele dieser Anlagen und Eigenschaften kann man nichts ändern, denn man ist nun mal jung oder alt bzw. männlich oder weiblich (auch wenn viele das erste und manche sogar das zweite sich mühen zu ändern). In einer Hinsicht jedoch ist man sich weitgehend einig: Bei der Bildung sollten wir uns alle Mühe geben, das Beste aus jedem herauszuholen. Und wenn wir dies täten, so die nicht selten unausgesprochene Fortsetzung des Arguments, dann wären die Unterschiede im Hinblick auf den Bildungsgrad geringer. Wenn wir uns also mit der Bildung nur mehr Mühe gäben, so das oft ausgesprochene Argument, dann hätten wir auch mehr Gleichheit bei den Resultaten der Bildung und kämen damit unserem Bedürfnis nach Gleichheit wenigstens in diesem Bereich nach.

Gerade im bildungspolitischen Bereich hört man dieses Argument so oft, dass es an Häresie gleicht, es in Frage zu stellen. Treten wir daher einen Schritt zurück, und betrachten die Dinge einmal durch eine Weitwinkelbrille: Ein Kaktus liebt es heiß und trocken, Moos hingegen mag es feucht. Apfelbäume brauchen einen guten Frost im Winter, bei dem Pfirsich- und Olivenbäume eingehen. Für Pflanzen gibt es keine „beste Umgebung“, denn diese hängt ganz von den genetisch festgelegten Eigenschaften der Pflanze ab. In einer insgesamt ungünstigen Umgebung (wenig Nahrung im Boden) werden jedoch *alle* Pflanzen nicht gut gedeihen und sich dann eher in ihrer Mickrigkeit *ähneln*. In einer guten Umgebung hingegen werden sie ihr Potenzial entfalten und sich *sehr unterschiedlich* entwickeln.

Ganz ähnlich wie Pflanzen sind auch Menschen verschieden, sogar Schüler! Und die Metapher vom Lehrer als Gärtner, der für jedes Pflänzlein die optimale Umgebung zum Gedeihen bereitstellt, ist entsprechend alt. Dennoch lautet der Auftrag an die Schule (oft unausgesprochen und manchmal auch ausgesprochen), ausgleichend zu wirken, d.h. die weniger Begabten mehr zu fördern und die Begabten etwas weniger, sodass am Ende mehr Gleichheit herrscht, die in diesem Zusammenhang mit (Bildungs-)Gerechtigkeit verwechselt wird.

Richtig ist, dass Menschen wie oben bereits erwähnt Fairness und Gleichheit anstreben. Dieses Streben nach Fairness und Gleichheit gibt es ganz offensichtlich genau deswegen, weil die Menschen es nicht sind. Wenn es aber so ist, dass eine förderliche Umwelt Begabungsunterschiede überhaupt erst sich entwickeln lässt, dann folgt – ob es nun manche Bildungspolitiker mögen oder nicht –, dass ein gutes Bildungssystem Begabungsunterschiede nicht abschwächt, sondern *verstärkt*.

Es ist eine Sache, sich dies theoretisch herzuleiten; eine ganz andere ist es, dies empirisch nachzuweisen. Daher ist eine Studie zum Erwerb der Lesefähigkeit von großer Bedeutung, in deren Rahmen mit sauberer wissenschaftlicher Methodik gezeigt wurde, dass dies tatsächlich so ist (7).

Wir wissen, dass sich Kinder darin unterschieden, wie gut sie lesen lernen und dass ein nicht unbeträchtlicher Teil dieser Unterschiede auf die genetische Veranlagung zurückzuführen sind (1). So unterschieden sich beispielsweise eineiige Zwillinge kaum in ihrer Lesefähigkeit, selbst dann, wenn sie von verschiedenen Lehrern unterrichtet wurden (2). Aber wir alle wissen auch, dass es gute und schlechte Lehrer gibt und wie groß ihr Einfluss auf das Lernen ist, auch auf das Lesenlernen (3, 4).

Um herauszufinden, welche Faktoren sich wie auswirken, analysierten amerikanische Wissenschaftler (7) Daten von 280 eineiigen und von 526 zweieiigen Zwillingen aus einem großen Zwillingsforschungsprojekt, dem *Florida Twin Project on Reading*. Am Ende der ersten und zweiten Klasse absolvierten die Kinder der gesamten Klasse einen Lesetest. Die Qualität des Lehrers in der Klasse wurde dadurch gemessen, dass man den Lesefortschritt der Klasse im Durchschnitt bestimmte: Je mehr dazu gelernt wurde, desto besser war der Lehrer ganz offensichtlich.

Da eineiige Zwillinge 100% ihrer Gene teilen, zweieiige hingegen nur 50%, ließ sich anhand der Daten berechnen, wie stark der Einfluss der Gene und der des Lehrers auf die Lesefähigkeit war. Es zeigte sich hierbei, dass der Einfluss der Gene umso größer war, je besser der Lehrer unterrichtete. Bei einem schlechten Lehrer hingegen ist es ähnlich wie bei einem schlechten Gärtner: Alle mickerten vor sich hin, d.h. waren relativ ähnlich und vor allem schlecht im Lesen.

Dieses Ergebnis zeigt, dass genetische Unterschiede durch guten Unterricht oft überhaupt erst sichtbar werden. Die Autoren kommentieren ihre Ergebnisse wie folgt: „Wenn wir gute Lehrer in die Klassenzimmer bringen, werden dadurch weder die Unterschiede zwischen den Schülern geringer, noch ist dadurch garantiert, dass alle Schüler gleiche und hohe Leistungen erbringen. Wenn man jedoch die Lehrer als einen wesentlichen Beitrag der Umwelt in der Klasse ignoriert, verpasst man die Gelegenheit zur Entfaltung des Potenzials der Kinder in der Schule und für deren Lebenserfolg" (7, S. 514, Übersetzung durch den Autor).

Guter Unterricht wirkt also nicht ausgleichend, sondern hat die gegenteilige Funktion! In dieser Spannung – Menschen wollen Gleichheit und Gerechtigkeit, sind jedoch verschieden – befindet sich jede Bildungsbemühung. Wer auf Gleichheit der Resultate besteht, muss auf guten Unterricht verzichten. Denn wer gut unterrichtet, fördert jeden nach dessen Begabungen und Möglichkeiten und bewirkt, dass aus unterschiedlichen Potenzialen, d.h. Möglichkeiten, auch wirkliche Unterschiede werden.

Bildung wirkt bei jungen Menschen also wie der Boden auf das Saatgut: Ist der Boden kärglich, werden kärgliche Pflanzen wachsen. Ist der Boden hingegen förderlich, dann werden große und kleine Pflanzen wachsen, mit einer großen oder vielen kleinen, blauen oder roten oder gelben Blüten – je nach Anlage.

Und was wäre, wenn wir um die Anlagen wüssten? – Dann könnten wir nach entsprechender genetischer Diagnostik individualisiert unterrichten. Das ist heute gewiss Zukunftsmusik, in der Zukunft jedoch wird es zum Alltag gehören.

Bereits heute werden genetische Untersuchungen im Spitzensport verwendet, um beispielsweise einen Aspiranten zu beraten, ob er eher für den Langstreckenlauf oder eher für den kurzen Sprint geeignet ist. Und bereits heute entscheiden bei sportlichen Wettkämpfen die Gene über die Medaillen deutlich mit. Denn alle guten Athleten trainieren maximal. Und wenn alle maximal üben, dann gibt es nur noch eine Varianzquelle für Unterschiede: die einen haben die für die betreffende Sportart etwas geeigneteren und die anderen die etwas ungeeigneteren Gene. Und diese entscheiden dann über die Goldmedaille.

Nun sind wir in der Bildung weit davon entfernt, dass wir alle Schüler maximal trainieren bzw. fördern. Und bei schlechtem Training/Unterricht sind einfach alle hinterher schlecht. Wechselwirkungen zwischen den Genen und der Umwelt sind beim Menschen mittlerweile jedoch Gegenstand der wissenschaftlichen Forschung. Wir wissen zum Teil auch schon, wer welche Umgebung braucht, um am besten zu gedeihen. Aber wir sind ja noch weit davon entfernt, dass wir Gentests durchführen und nach ihrem Ergebnis die Schule oder das Curriculum aussuchen. Genau dies ist jedoch langfristig die Konsequenz aus wirklichem Wissen zu Anlagen und Umweltfaktoren.

Betrachten wir zur Verdeutlichung ein klassisches Beispiel aus der Medizin: Etwa einer von 8 000 Neugeborenen weist eine Stoffwechselstörung auf, die darin besteht, dass die Aminosäure Phenylalanin nicht abgebaut werden kann. Weil schon beim Neugeborenen falsche Stoffwechselprodukte im Urin nachgewiesen werden können, kann die Krankheit schon bei Neugeborenen erkannt werden. Eine rechtzeitig begonnene eiweißarme bzw. Phenylalanin-reduzierte Diät kann die Symptome des Stoffwechseldefekts –

geistige Behinderung, Aggressivität gegen sich selbst und Anfallsleiden – verhindern, weswegen es sehr wichtig ist, bei diesen Kindern lebenslang für die richtige Umgebung (d. h. die richtige Nahrung) zu sorgen.

Keineswegs fördert also gute Nahrung alle Kinder gleich; und genauso wenig fördert guter Unterricht alle Kinder gleich. Nehmen wir einmal an, wir könnten bei einem Kind eine genetische Anlage für Schwierigkeiten beim Spracherwerb feststellen oder eine Anlage für besonders starke Gewaltbereitschaft. Dann würden wir doch auch versuchen, für eine entsprechende Umgebung zu sorgen, um ungünstige Lernentwicklungen zu verhindern. Es wäre letztlich brutal und unmenschlich gegenüber den Betreffenden, dies nicht zu tun, d. h. das Wissen um Veranlagungen nicht für eine Optimierung der Bildungsbiografie zu nutzen.

Im Hinblick auf die wissenschaftliche Fundierung unseres Wissens über Anlagen sind wir fast soweit. Was bislang noch weitgehend fehlt, sind Studien zu den störungsgerechten Interventionen. Jede gute Bildungsstudie sollte daher künftig zumindest als Option die Bestimmung genetischer Merkmale vorsehen. Denn wenn man erst einmal wirklich gute empirische Studien zu den Auswirkungen unterschiedlicher Bildungsanstrengungen macht, und wenn sich Ergebnisse abzeichnen, die so klar sind, dass sie handlungsrelevant werden (zugegebenermaßen zwei noch immer problematische Annahmen in der Bildungsforschung), dann könnten nachträglich durchgeführte Gentests zu vermehrter Varianzaufklärung führen, d. h. beobachtete Unterschiede erklären helfen. Und wenn es erst einmal soweit ist: Wer möchte dann einen mathematisch Hochbegabten mit Spracherwerbsproblemen wegen einer 5 in Deutsch am Ende der Klassenstufe 4 nicht aufs Gymnasium schicken?

Ich möchte nicht falsch verstanden werden: Selbstverständlich können wir durch Setzung vereinbaren, dass jeder einen gewissen Stand im Hinblick auf Sprache, Natur- und Geisteswissenschaften, Mathematik, Fremdsprachen und soziale Fertigkeiten im Rahmen seines Grundbildungsprogramms erreicht. Hier werden also alle „gleich“ gemacht. Wenn wir aber zugleich wollen, dass jeder das ihm mögliche Maximum seiner Bildungsmöglichkeiten erreicht, dann ist diese gleiche Grundbildung nur ein kleiner Teil seiner Bildung.

Wir wollen also durchaus, dass alle gut ausgebildet sind, etwa so, wie wir auch wollen, dass alle gesund sind. Und genau so, wie manche bereits dafür eine bestimmte Umwelt (Diät) brauchen, werden auch bereits für eine ganz normale Grundbildung manche Menschen besondere Förderung brauchen. Und genau so werden wir auch bei Spitzenleistungen um genaue Diagnostik und individuelle Förderung nicht herumkommen. Dadurch wird Individualität zunehmen und dies wiederum muss Gleichheit reduzieren, nicht notwendig aber damit zugleich auch Ungerechtigkeit erzeugen. Denn ob wir in 100 Jahren noch die Ungereimtheit beibehalten haben, dass die einen eine halbe Million Euro extra bekommen, nur damit sie zum Arbeiten motiviert sind, von den meisten anderen dagegen ein Höchstmaß an Motivation verlangt wird, obwohl sie nur 5% davon verdienen und nichts extra bekommen, ist mehr als fraglich.

Vielleicht werden in 100 Jahren ja die Hochbegabten weniger verdienen, weil sie interessantere Arbeit machen dürfen und durch ihre Begabung sowieso viel mehr Spaß am Leben haben als alle anderen, die daher etwas mehr verdienen müssen. Wie auch immer: Genetik wird bei Bildungsprozessen künftig eine Rolle spielen; die Frage ist nicht, ob, sondern allenfalls: wann? Damit haben wir eine Chance, die bislang zwar oft genannten aber wenig verstandenen „multifaktoriellen“ Ursachen für den Bildungserfolg in den Griff zu bekommen. Das Ergebnis wären Bildungsprozesse, die so gut sind, das sie endlich routinemäßig ein Ausmaß an Ungleichheit erzeugen sollten, das wir heute noch nicht haben. Wie wir damit umgehen und ob das Ganze dann ungerecht sein muss, können wir politisch entscheiden.

Literatur

1. Byrne B, Coventry WL, Olson RK, Samuelsson S, Corley R, Willcutt EG, Wadsworth SJ, DeFries JC. Genetic and environmental influences on aspects of literacy and language in early childhood: continuity and change from preschool to grade 2. Journal of Neurolinguistics 2009; 22: 219–236.
2. Byrne B, Coventry WL, Olson RK, Wadsworth SJ, Samuelsson S, Petrill SA, Willcutt EG, Corley R. „Teacher effects" in early literacy development: evidence from a study of twins. Journal of Educational Psychology 2010; 102: 32–42.
3. Connor CM, Morrison FJ, Fishman BJ, Schatschneider C, Underwood P. The early years: algorithm-guided individualized reading instruction. Science 2007; 315: 464–5.
4. Connor CM, Piasta SB, Fishman B, Glasney S, Schatschneider C, Crowe E, Underwood P, Morrison F. Individualizing student instruction precisely: effects of child x instruction interactions on first graders' literacy development. Child Development 2009; 80: 77–100.
5. Dawes CT, Fowler JH, Johnson T, McElreath R, Smirnov O. Egalitarian motives in humans. Nature 2007; 446: 794–6.
6. Kagan J. The Temperamental Thread: How Genes, Culture, Time, and Luck Make Us Who We Are. New York: Dana Press 2010.
7. Taylor J, Roehrig AD, Soden Hensler B, Connor CM, Schatschneider C. Teacher quality moderates the genetic effets on early reading. Science 2010; 328: 512–4.
8. Wilkinson R, Pickett K. The Spirit Level. Why Equality Is Better For Everyone. London: Penguine Books 2010.

19 Wie werden wir glücklich?

Wer wollte nicht wissen, wie die Antwort auf die gestellte Frage lautet? Was also wissen wir? Und was können wir für uns daraus folgern?

Interessanterweise hat sich die Wissenschaft für diese Fragen über lange Zeit hinweg kaum interessiert. Glück, das hat man oder nicht, und glücklich ist man, wenn die Umstände es einem ermöglichen bzw. erlauben. Mehr schien es gar nicht zu wissen zu geben. Als dann Wissenschaftler doch damit begannen, sich der Frage nach dem Glück zuzuwenden, schien sich diese recht fatalistische Sicht der Dinge zunächst sogar zu bestätigen: Man fand nämlich, dass sich Menschen durchaus darin unterscheiden, wie glücklich sie sind, und dass diese Unterschiede vor allem *genetisch* bedingt sind. Zwillingsstudien haben beispielsweise ergeben, dass getrennt aufgewachsene eineiige Zwillinge im Hinblick auf ihr Glück ähnlicher sind als zweieiige (6). Das Glück scheint nach der hieraus abgeleiteten „Set-Point-Theory" durch unsere Gene weitgehend festgelegt, geht mit bestimmten Persönlichkeitszügen einher (2), und die Umstände bzw. unsere Verhaltensweisen bewirken lediglich gewisse Schwankungen um diesen feststehenden Punkt (1). Wenn dem aber so ist, dann braucht man sich mit der Frage nach dem Glück nicht wirklich zu beschäftigen, denn es liegt ja sowieso seit unserer Zeugung fest.

Lag also der römische Konsul *Appius Claudius Caecus* mit seiner Behauptung, dass ein jeder seines Glückes Schmied sei, völlig daneben? Dann wären nicht nur all unsere Anstrengungen, glücklich zu werden, sondern auch die Überlegungen von Ökonomen sinnlos, das Glück der Menschen messen zu wollen, um daraus Handlungsanweisungen für richtiges Wirtschaften abzuleiten. Dass dem nicht so ist, zeigt eine kürzlich von einem australischen, einem holländischen und einem deutschen Wissenschaftler publizierte Studie (5), die an dem weltweit größten und sich zeitlich über den längsten Zeitraum erstreckenden verfügbaren Längsschnitt-Datensatz durchgeführt wurde, der noch dazu aus Deutschland kommt und daher zur Beantwortung der eingangs gestellten Frage gerade für uns Deutsche nicht bedeutsamer sein könnte. Es handelt sich um Daten des *German Socio-economic Panel* (SOEP), einer repräsentativen Wiederholungsbefragung privater Haushalte, die seit 1984 jährlich bei denselben Personen und Familien durchgeführt wird und mit 12541 Befragten aus etwa 5000 Haushalten begann. Bereits im Juni 1990, also noch vor der Währungs-, Wirtschafts- und Sozialunion, wurde die Studie auf das Gebiet der ehemaligen DDR ausgeweitet. Zudem wurden in den Jahren 1998, 2000, 2002 und 2006 zusätzliche Stichproben eingeführt, insbesondere 1994/95 auch eine Stichprobe von Zuwanderern. Da bei Gründung neuer Familien durch die bereits in die Studie einbezogenen Kinder aus den Ursprungshaushalten zudem auch alle Mitglieder der neuen Familien (einschließlich der Enkelkinder) in die Studie mit aufgenommen wurden, enthält die Studie mittlerweile Daten von mehr als 60000 Personen.

„Der Datensatz gibt Auskunft über objektive Lebensbedingungen, Wertvorstellungen, Persönlichkeitseigenschaften, den Wandel in verschiedenen Lebensbereichen und über die Abhängigkeiten, die zwischen Lebensbereichen und deren Veränderungen existieren. Anregungen der Nutzerinnen und Nutzer für theoriegeleitete Verbesserungen der Erhebung werden regelmäßig aufgegriffen“, schreiben am *Deutschen Institut für Wirtschaftsforschung* (DIW) tätige Autoren einer im Netz publizierten Übersicht zum Gesamtvorhaben (3).

Die Studie bezieht sich auf das Vierteljahrhundert von 1984 bis 2008, die Teilnehmer wurden ab einem Alter von 16 Jahren interviewt und die durchschnittliche Anzahl von

Interviews pro Teilnehmer (von denen ja viele erst nach Beginn der Studie aufgenommen wurden) lag zum Zeitpunkt der Studie (2010) bei 8.

Was also wurde gefunden? Was bestimmt, neben den Genen, unser Glück? Was können wir tun, um glücklicher zu werden? – Wie die Studie zeigte, lassen sich tatsächlich eine Reihe von Einflussfaktoren identifizieren, die wir durchaus (mit-)bestimmen können und die deutliche Auswirkungen auf unser Lebensglück haben: Die Wahl des Partners, unsere Arbeitssituation, unsere Ziele und die Ziele unseres Partners sowie unsere Gemeinschaft mit anderen und unser Körper (Abb. 19-1).

Die Partnerwahl entscheidet über das Glück eines Menschen in signifikantem Ausmaß. Durch die Anwendung von Persönlichkeitsfragebögen bei den in den Haushalten zusammenlebenden Partnern wurde gefunden, dass eine erhöhte emotionale Instabilität (d.h. ein erhöhter Wert für Neurotizismus im Persönlichkeitsinventar) bei einem selber das Lebensglück negativ beeinflusst, aber auch ein erhöhter entsprechender Wert beim Partner das eigene Lebensglück beeinträchtigt. Der negative Effekt des Neurotizismus beim Partner auf das eigene Glück ist etwa halb so groß wie der des eigenen Neurotizismus.

Verfolgt man übrigens die Lebenszufriedenheit im Längsschnitt, so zeigt sich, dass der ungünstige Effekt eines neurotischen Partners auf das eigene Lebensglück nicht mit der Zeit abnimmt. Man gewöhnt sich also nicht an emotionale Instabilität, sondern ist dadurch chronisch beeinträchtigt.

„Gleich und gleich gesellt sich gern“ sagen die einen, „Gegensätze ziehen sich an“ kontern die anderen. Was trifft nun zu? Auch diese Frage wurde anhand des großen Datensatzes untersucht, indem man das Ausmaß der Unterschiedlichkeit der Persönlichkeitseigenschaften der beiden Partner mit der Lebenszufriedenheit jedes einzelnen Part-

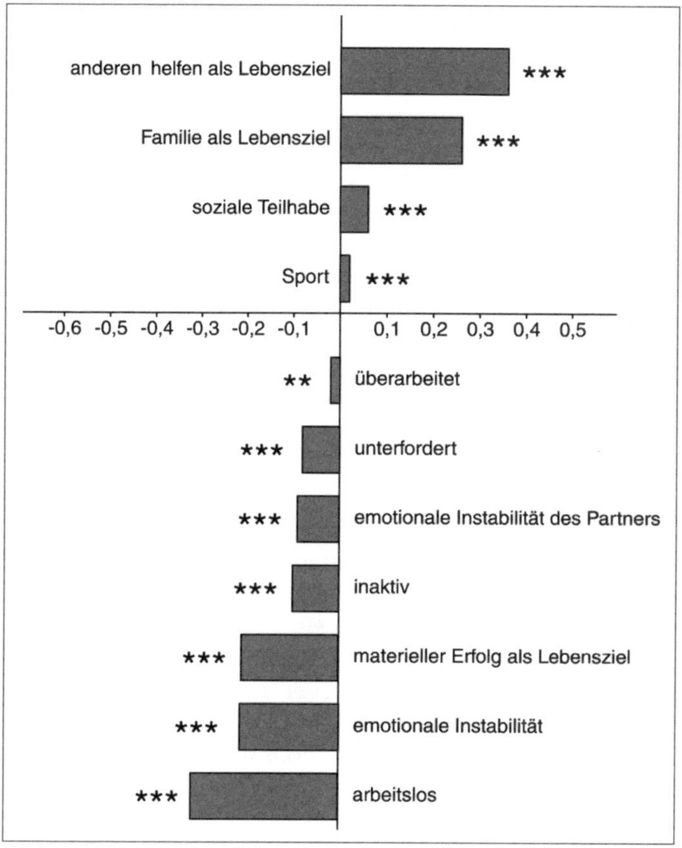

Abb. 19-1 Signifikante Einflussfaktoren auf unser Lebensglück (Beta-Gewichte aus den entsprechenden Varianzanalysen), geordnet vom ungünstigsten zum günstigsten Faktor (von unten nach oben); ** $p < 0{,}01$; *** $p < 0{,}001$ (nach 5).

ners in Beziehung setzte. Hierbei zeigte sich kein Zusammenhang. Beide eingangs gemachten Behauptungen sind also letztlich falsch, d.h. weder ein besonders ähnlicher, noch ein besonders unähnlicher Partner ist dem Lebensglück besonders förderlich.

Neben den Persönlichkeitseigenschaften wurden auch die persönlichen Ziele bzw. Prioritäten der Befragten und der jeweiligen Partner in ihren Auswirkungen auf die Lebenszufriedenheit untersucht. Man unterschied hierbei zunächst drei generelle Lebensziele, deren Bedeutung für die jeweils befragte Person auf einer Skala von 1 (nicht wichtig) bis 4 (sehr wichtig) einzustufen waren:

1. Erfolg im Hinblick auf die Karriere und materielle Ziele,
2. Familienleben: Ehe, Kinder und häusliches Leben,
3. prosoziale Einstellung: Freundschaften, andere Menschen treffen und ihnen helfen; soziale und politische Aktivitäten.

Weil man bereits weiß, dass sich nur langfristige Ziele und Prioritäten auf die Lebenszufriedenheit auswirken (kurzfristige „Flausen im Kopf" tun dies nicht), wurden die Angaben der einzelnen Versuchspersonen über fünf Interviews hinweg gemittelt. Auf diese Weise war sicher gestellt, dass tatsächlich nur die Auswirkungen *langfristig* verfolgter Ziele gemessen wurden. Hierbei zeigte sich, dass Menschen, die sich um andere kümmern, mit ihrem Leben zufriedener sind. Dies betrifft sowohl den Bereich des allgemeinen Sozialen (Freunde, häufige Besuche, soziale Aktivitäten und politische Aktivitäten) als auch (zu einem etwas geringeren Grad) den Bereich Familie und Kinder. Ebenfalls ließ sich mit den Daten aus der Studie die bereits mehrfach in anderen Studien aufgetauchte Vermutung belegen, dass das Streben nach Karriere und materiellen Gütern die eigene Lebenszufriedenheit signifikant *negativ* beeinflusst.

Betrachtet man die Ziele der jeweiligen Partner so zeigt sich eine interessante Wechselwirkung zum Geschlecht: Diejenigen Frauen, deren Männer der Familie eine hohe Bedeutung beimessen, sind signifikant glücklicher als Frauen, deren Partner der Familie weniger Bedeutung beimisst.

Schließlich zeigte sich noch (wie auch in anderen Studien zuvor), dass der regelmäßige Kirchgang langfristig einen positiven Einfluss auf das Lebensglück hat. Da soziale Aktivitäten im jüdisch-christlich-muslimischen Kulturkreis als Teil religiöser Aktivitäten begriffen werden, wundert dies nicht. Ob es sich hier um Auswirkungen des Verhaltens oder des Glaubens handelt, mussten die Autoren offen lassen, da Religiosität nicht eigens erfragt wurde.

Neben Freizeit, Partner und Familie verbringen wir einen großen Teil unserer Lebenszeit mit Arbeiten. Um die Zufriedenheit mit der Arbeit bei jeder Versuchsperson einzeln zu erfassen wurde danach gefragt, wie viele Stunden sie pro Woche insgesamt arbeitet und wie viele Stunden pro Woche sie insgesamt gerne arbeiten würde. Der Unterschied dieser beiden Angaben kann als Maß dafür verstanden werden, wie zufrieden die jeweiligen Personen mit ihrer „Work-Life-Balance" sind, d. h. ob sie die von ihnen bevorzugte Balance zwischen Arbeit und Freizeit auch für sich selbst verwirklichen können. Man klassifizierte dabei einen Unterschied der beiden Werte von 3 Stunden und weniger als eine gute Balance und eine Abweichung von mehr als 3 Stunden als Zeichen von entweder Überarbeitung oder Unterforderung („underworked"). Zwei weitere Kategorien bildeten die Versuchspersonen, die zum Zeitpunkt der Untersuchung arbeitslos waren, jedoch Arbeit suchten, und als „inaktiv" klassifizierte Versuchspersonen, die ohne Arbeit waren und auch keine suchten.

Die Auswertung der Longitudinaldaten im Hinblick auf die Auswirkungen des Faktors Arbeit auf die Lebenszufriedenheit zeigte insgesamt sehr deutliche Einflüsse: Sowohl für Männer als auch für Frauen bewirkt ein zu wenig an Arbeit eine stärkere Reduktion des Glücks als ein zu viel. Hierzu passt, dass Arbeitslosigkeit einen besonders starken negativen Effekt auf das erlebte Lebensglück hat, der zudem bei Männern deutlich größer ist als bei Frauen (Abb. 19-2). Inaktivität (ohne Arbeit und nicht Arbeit suchend) hat bei Frauen interessanterweise keinen Einfluss auf das Lebensglück, bei Männern hingegen einen deutlich negativen.

Weiterhin zeigte sich, dass bei Männern und bei Frauen etwa gleichermaßen soziale Teilhabe (sich mit Freunden, Verwandten oder Nachbarn treffen oder ihnen helfen) und regelmäßige körperliche Ertüchtigung (wiederum auf einer vierstufigen Skala von „nie" bis „mindestens einmal pro Woche" einzustufen) sich positiv auf die Lebenszufriedenheit auswirkt, die soziale Teilhabe deutlicher als der Sport. Schließlich wurde noch gezeigt, dass bei Männern Untergewicht das Glück reduziert, bei Frauen hingegen Übergewicht (Abb. 19-2).

Insgesamt zeigte die Studie, dass das Glück des Einzelnen keineswegs bei dessen Geburt festliegt und dann nur noch um einen gewissen Wert schwankt. Vielmehr haben die persönlichen Ziele und Entscheidungen einen deutlichen Einfluss auf das langfristig erlebte Glück bzw. die Lebenszufriedenheit. Die Daten stammen zudem aus Deutschland und sind daher für „die Menschen in diesem unseren Land" am ehesten von Bedeutung. (Man hat allerdings durch entsprechende Vergleichsstudien guten Grund zur Annahme, dass es in anderen entwickelten, westlichen Ländern mit ähnlichem kulturellen Hintergrund nicht viel anders sein dürfte) (7, 9).

Einzelne Ergebnisse sind in der Zusammenschau durchaus bemerkenswert: Bei Frauen reduziert Übergewicht das Glück stärker als das Fehlen eines Partners. Und für Frauen und für Männer gilt, dass zu wenig Arbeit das Glück etwa so stark reduziert wie das Fehlen eines Partners. Es ist nicht egal, wonach man strebt, und gerade die durch Medien und Werbung stark verbreiteten materiellen Bedürfnisse machen keineswegs glücklich, sondern *reduzieren* das persön-

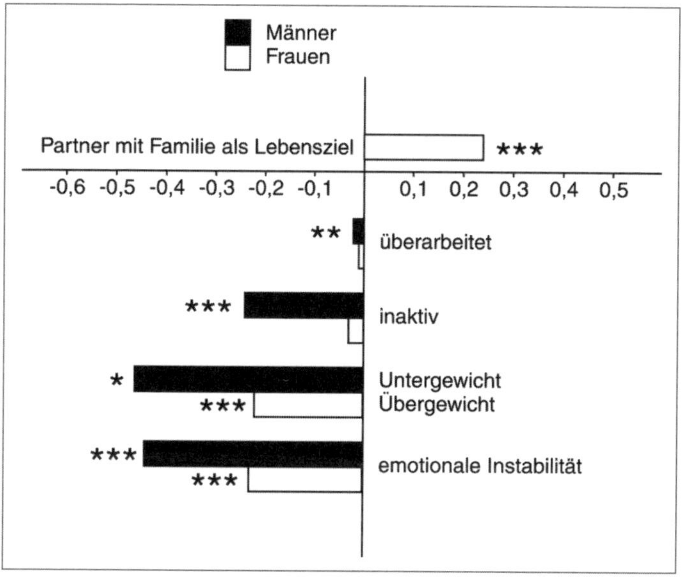

Abb. 19-2 Bedeutsame geschlechtsspezifische Unterschiede im Hinblick auf die Auswirkungen bestimmter Faktoren auf das Lebensglück bzw. die Lebenszufriedenheit; * $p < 0,05$; ** $p < 0,01$; *** $p < 0,001$ (nach 5).

liche Glück deutlich. An dieser Stelle darf weiterhin nicht unerwähnt bleiben, dass das Streben nach Karriere, beim Mann und bei der Frau, ebenfalls einen deutlichen negativen Einfluss auf das persönliche Glück hat, die Betonung von Familie hingegen einen sehr deutlich positiven Einfluss. Hieraus folgt zwingend, dass die emanzipatorischen Veränderungen der letzten Jahrzehnte zu einer deutlichen Verminderung der Lebenszufriedenheit und des Lebensglücks von Frauen beigetragen haben müssten.

Zwar ist in manchen Fällen nicht auszuschließen, dass die Kausalität auch anders herum verlaufen könnte: Wer unglücklich ist, trifft sich seltener mit Bekannten und Freunden, treibt weniger Sport und setzt „Kummerspeck" an. Dennoch machen die Ergebnisse Mut, denn sie zeigen, dass wir uns nicht in unser Schicksal ergeben müssen: Kognitive Therapie wirkt schließlich sogar bei depressiven Menschen, und so ist zu vermuten, dass eine Aufklärung der Menschen dahingehend, welche Entscheidungen für ihr persönliches Glück wesentlich sind und wie sie zu treffen sind, um größeres Unheil zu vermeiden, zu einer Vermehrung des Glücks vieler Menschen beitragen kann. Glück sollte daher entweder Schulfach sein (4) oder wenigstens in jedem Schulfach ein wichtiges Thema (8). Schließlich schmieden wir doch alle daran!

Literatur

1. Brickman P, Coates D, Janoff-Bulman R. Lottery winners and accident victims: is happiness relative? J Pers Soc Psychol 1978; 36: 917–27.
2. Costa PT, McCrae RR. Influence of extroversion and neuroticism on subjective well-being: Happy and unhappy people. J Pers Soc Psychol 1980; 38: 668–78.
3. DIW. Übersicht über das SOEP 2010. (http://www.diw.de/de/diw_02.c.299726.de/uebersicht_ueber_das_soep.html, accessed 1.11.2010)
4. Fritz-Schubert E. Schulfach Glück: Wie ein neues Fach die Schule verändert. Freiburg: Herder 2008.
5. Headey B, Muffels R, Wagner GG. Long-running German panel survey shows that personal and economic choices, not just genes, matter for happiness. PNAS 2010; doi: 10.1073/pnas.1008612107.
6. Lykken D, Tellegen A. Happiness is a stochastic phenomenon. Psychol Science 1996; 7: 186–9.
7. Spitzer M. Kann, darf, soll oder muss man Glück wissenschaftlich untersuchen. In: Spitzer M, Bertram W (Hrsg). Braintertainment. Stuttgart: Schattauer 2007, 81–108.

8. Spitzer M. Medizin für die Bildung. Ein Weg aus der Krise. Heidelberg: Spektrum Akademischer Verlag 2010.
9. Veerhofen R. Happiness in Nations. Subjective Appreciation of Life in 56 Nations, 1946–1992. Rotterdam: Risbo 1993.

20 Lithium im Trinkwasser – Lithium ins Trinkwasser?

Vor der Einführung von fluoridhaltigem Speisesalz wurde immer wieder darüber nachgedacht (und in einigen Ländern der Erde wurde es praktiziert), dem Trinkwasser Fluorid zuzufügen, um auf diese Weise eine flächendeckende Kariesprophylaxe zu erreichen. Die Kontroverse über diese Maßnahme ist eindrucksvoll und ideologisch höchst brisant: In den USA fürchtete man sich vor Anschlägen durch Kommunisten mithilfe von Fluorid im Trinkwasser, durch das die Menschen ruhig gestellt und damit gefügig gemacht würden. Man kann aus dieser Kontroverse lernen, wie sehr ideologische Gedanken einer rationalen Betrachtung der Dinge im Wege stehen können. Daher sei im Folgenden die Möglichkeit einer ganz anderen Prophylaxe einmal so unterkühlt wie möglich dargestellt.

Den Zahlen der WHO (*World Health Organization*) zufolge, sterben annähernd eine Million Menschen pro Jahr weltweit durch Suizid, was einer globalen Mortalitätsrate von 16 pro 100 000 Menschen bzw. weltweit einer Selbsttötung alle 40 Sekunden entspricht. Dabei sind die Suizidraten in den letzen 45 Jahren weltweit um 60% angestiegen und das willentliche Beenden des eigenen Lebens steht in einigen Ländern in der Altersgruppe der 15- bis 44-Jährigen an dritthäufigster, in der Altersgruppe der 10- bis 24-Jährigen sogar an zweithäufigster Stelle der Todesursachen (nach dem Unfalltod). Hierzulande ist die Zahl der Suizide seit Jahren rückläufig und beträgt etwa 24 pro 100 000 Einwohner. In Japan liegt die Suizidrate mit 49,5 mehr als doppelt so hoch (9). Daher wundert es nicht, dass sich eine japanische Forschungsgruppe dem Thema der Suizidprävention durch geringe Mengen von Lithium im Trinkwasser widmete.

Seit Langem sind die Effekte von Lithiumsalzen auf die Reduktion des Suizidrisikos bei Patienten mit affektiven Störungen bekannt. Bereits 1949 legte der australische Psychiater John Cade (2) den Grundstein für den Einsatz des Alkalimetalls in der Psychopharmakotherapie und bis heute werden Lithiumsalze als Mood Stabilizer erster Wahl bei affektiven Störungen eingesetzt. Eine Reihe von Metaanalysen (1, 3, 5) konnte zuletzt die antisuizidalen Effekte von Lithium bei Patienten mit Depression und bipolar affektiven Störungen untermauern. So beobachteten Cipriani und Mitarbeiter (3) in der Durchsicht von 32 Studien zu diesem Thema eine statistisch signifikant geringere Anzahl an Suiziden bei Patienten unter Lithiumtherapie. Dabei wurden Patientenkollektive unter Langzeiteinnahme von Lithiumsalzen in therapeutischer Dosierung untersucht.

Im natürlichen Trinkwasser lassen sich zwar ebenfalls Lithiumsalze nachweisen, allerdings sind die Lithiumkonzentrationen so gering, dass die Trinkwasserverordnung in Deutschland keine Grenzwerte vorsieht. Laut dem *Bundesverband der Energie- und Wasserwirtschaft* (BDEW) wurden 2008 pro Einwohner und Tag etwa 123 Liter Trinkwasser verbraucht. 44,5 Liter wurden dabei zur Körperpflege verwendet, der davon geringste Anteil mit etwa fünf Liter pro Tag, also etwa 4,1%, für Essen und Trinken.

Mit einer durchschnittlichen Konzentration von 5 bis 500 mg/l Lithium im Grundwasser nimmt man damit maximal 2,5 mg Lithium pro Tag zu sich. Ab einem Lithiumgehalt von 3 mg/l gilt Grundwasser übrigens als Heilwasser.

Ein positiver Effekt auch von geringen Konzentrationen an Lithium im Trinkwasser auf das Verhalten ist dennoch denkbar, wurde jedoch hinsichtlich einer Reduktion von Suizidraten in der Bevölkerung bislang nur unzureichend untersucht. Erstmalig ließ 1970 eine Studie zumindest einen möglichen Zusammenhang zwischen einer geringen Lithiumzufuhr und einem verminderten Auftreten von Verhaltensstörungen vermuten (4). 1990 untersuchte eine Forschungsgruppe aus San Diego erneut diesen Zusammenhang und setzte die Lithiumkonzentrationen im Trinkwasser in Beziehung zur Inzidenz von Suiziden sowie verschiedener (Gewalt-)Verbrechen (Raub, Mord, Drogendelikte). In 27 Bezirken des Bundesstaates Texas fand man ein signifikant geringeres Auftreten von Suiziden und Verbrechensdelikten in den Bezirken, in denen die Lithiumkonzentrationen mit 70 bis 170 mg/l am höchsten waren (8).

Vermutlich nicht zuletzt wegen der im weltweiten Vergleich hohen Suizidraten in Japan, wurde dieser Zusammenhang noch einmal aufgegriffen und innerhalb der Präfektur Oita untersucht (7). 2006 hatte Oita mit seinen 18 Gemeinden 1 206 174 Einwohner und spiegelt den Autoren zufolge die japanische Gesellschaft hinsichtlich des ökonomischen, kulturellen und politischen Status gut wider. Für jede der 18 Gemeinden von Oita wurde unter Zuhilfenahme der vorliegenden Statistiken für fünf Jahre, im Zeitraum von 2002 bis 2006, der standardisierte Mortalitätsquotient (SMR) durch Suizid errechnet. Beim SMR wird dabei für Unterschiede von Alter und Geschlecht in der untersuchten Region im Vergleich zur Gesamtbevölkerung des Landes statistisch korrigiert. In jeder der 18 Gemeinden wurden die Lithiumkonzentrationen im Trinkwasser sehr genau gemessen. 2006 wurde im Leitungswasser der 18 Kommunen von Oita ein Lithiumgehalt von 0,7 bis 59 mg/l gemessen. Zum Vergleich: Klinisch eingesetzte Lithiumpräparate enthalten mehr als das 1000-Fache dieser Dosis. Der mittlere SMR durch Suizid in Oita zwischen 2002 und 2006 entsprach mit 105 weitestgehend dem japanischen Durchschnitt von 100. Durch Regressionsanalysen konnte eine statistisch signifikante negative Korrelation zwischen dem SMR durch Suizide mit der Höhe der Lithiumspiegel im Trinkwasser demonstriert werden ($p < 0,004$).

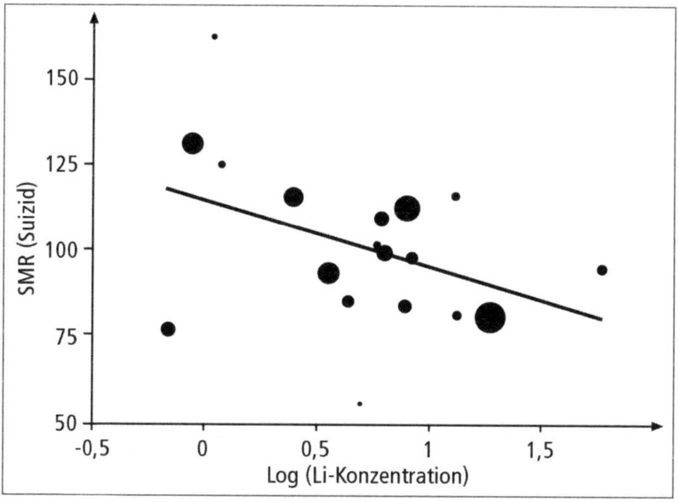

Abb. 20-1 Lithiumkonzentration im Trinkwasser und mittlerer standardisierter Mortalitätsquotient (SMR) durch Suizid in 18 Gemeinden der Präfektur Oita (Japan) für die Jahre 2002 bis 2006. Die Lithiumkonzentrationen sind logarithmisch aufgetragen und die Größe der Kreise repräsentiert die Größe (Einwohnerzahl) der einzelnen Gemeinden. Die Mortalität durch Suizid korreliert statistisch signifikant negativ mit den Lithiumkonzentrationen im Trinkwasser ($p < 0{,}004$) (nach 7).

In Abbildung 20-1 sind diese Ergebnisse zusammengefasst. Dabei scheint sich eine höhere Lithiumkonzentration im Leitungswasser positiv auf die Reduktion von Suizidraten in den einzelnen Kommunen auszuwirken, wobei offenbar besonders die männliche Bevölkerung ($p < 0{,}008$) von höheren Lithiumkonzentrationen profitiert. Bezogen auf die weibliche Bevölkerung wurde die Schwelle der statistischen Signifikanz nur knapp verfehlt ($p < 0{,}06$). Eine mögliche Ursache dafür kann in den bei Männern erhöhten Suizidraten liegen. Demnach könnten bereits sehr geringe

Lithiumkonzentrationen einen positiven Effekt auf die Reduktion von Suizidraten in einer Durchschnittspopulation haben.

Müller-Oerlinghausen und Mitarbeiter (6) untersuchten die Auswirkungen einer Langzeiteinnahme von Lithium auf Suizide und stellten dabei fest, dass Patienten ein etwa 8-fach geringeres Suizidrisiko haben im Vergleich zu Patienten ohne das Alkalimetall. Zudem scheint diese Wirkung nicht notgedrungen vom stimmungsstabilisierenden Effekt abhängig zu sein. Da die Lithiumkonzentrationen im Trinkwasser sehr gering ausfallen, scheint zusammenfassend eine Substitution von Lithium in geringen Dosierungen über einen langen Zeitraum hinweg eine suizidprotektive Wirkung zu haben. Den japanischen Autoren zufolge könnten ursächlich neuroprotektive Faktoren eine Rolle spielen, die durch Lithium aktiviert werden und sich wiederum positiv auf die Neurogenese auswirken. Könnte also mit einer aktiven Supplementation von Lithium ins Trinkwasser die Suizidrate in Deutschland gesenkt werden?

Da in Deutschland eine Trinkwasserfluoridierung zur Kariesprophylaxe nicht durchgeführt wird, weil diese Art der Zwangsmedikation sich gegen den zentralen Regelsatz der Trinkwasserversorgung richtet (die vorschreibt, dass Trinkwasser so natürlich wie möglich zu belassen sei), wird es kaum dazu kommen. Dennoch löste die Veröffentlichung der japanischen Lithiumstudie eine Reihe an Diskussionen aus, wenngleich die Autoren auf die Notwendigkeit weiterer Studien zur Bestätigung ihrer Ergebnisse verweisen. In verschiedenen Internet-Blogs veröffentlichten Kritiker als auch Befürworter ihre Meinungen. So schrieb beispielsweise ein Internet-User, dass er es für falsch halte, „dass Regierungen, insbesondere durch das öffentliche Wassersystem versuchen, die Psyche der Bürger zu beeinflussen“. Auch bei der medizinischen Notwendigkeit einer Einnahme von „psychotropen Medikamenten wie Lithium, sollte diese immer eine Entscheidung des Bürgers selbst sein“ (www.newscientist.com/blogs/). Befürworter stellen die Kosten des Gesundheitssystems bzw. eine finanzielle Entlastung durch die Lithium-Suizidprävention im Trinkwasser in den Vordergrund. Daher müsse der freie Wille als nachrangig angesehen werden, da durch die selbstbestimmte Tötung die Gesellschaft und deren Belastung in jeglicher Hinsicht beeinträchtigt sei. Weiterhin stelle sich in diesem Zusammenhang die Frage, inwiefern der Staat nicht dazu verpflichtet sei, die Gesundheit der Bürger zu schützen. Der Großteil der durch Suizid verstorbenen Menschen litt zum Zeitpunkt der Suizidhandlung an einer psychischen Erkrankung. Die bedeutendste Rolle spielen dabei Depressionen, Alkoholismus sowie Erkrankungen aus dem schizophrenen Formenkreis. Im internationalen Pakt über wirtschaftliche, soziale und kulturelle Rechte (UN-Sozialpakt, Artikel 12) ist das Recht auf höchstmögliche körperliche und geistige Gesundheit sowie das Recht auf medizinische Versorgung für jeden Menschen festgeschrieben. Mit der Ratifizierung des Sozialpakts gehen Staaten dabei eine verbindliche Verpflichtung ein, das Recht auf Gesundheit jedes Einzelnen zu achten. Sind Staaten somit nicht dazu verpflichtet, beispielsweise durch eine Lithiumsupplementation, Prävention zu betreiben, um Suizide zu verhindern? Unter diesem Gesichtspunkt gewinnt das Motto der Weltwasserwoche 2009 „Zugang zu Wasser für das Allgemeinwohl“ in Stockholm möglicherweise eine ganz neue Bedeutung.

Literatur

1. Baldessarini RJ et al. Decreased risk of suicides and attempts during long-term lithium treatment: a meta-analytic review. Bipolar Disorders 2006; 8: 625–39.

2. Cade JF. Lithium salts in the treatment of psychotic excitement 1949; Bulletin of the World Health Organization 2000; 78: 518–20.
3. Cipriani A, Pretty H, Hawton K, Geddes JR. Lithium in the prevention of suicidal behavior and all-cause mortality in patients with mood disorders: a systematic review of randomized trials. American Journal of Psychiatry 2005; 162: 1805–19.
4. Dawson EB, Moore TD, McGanity WJ. The mathematical relationship of drinking water lithium and rainfall to mental hospital admission. Diseases of the nervous system 1970; 31: 811–20.
5. Guzzetta F, Tondo L, Centorrino F, Baldessarini RJ. Lithium treatment reduces suicide risk in recurrent major depressive disorder. The Journal of Clinical Psychiatry 2007; 68: 380–3.
6. Müller-Oerlinghausen B et al. The impact of lithium long-term medication on suicidal behavior and mortality of bipolar patients. Archives of suicide research: official journal of the International Academy for Suicide Research 2005; 9: 307–19.
7. Ohgami H et al. Lithium levels in drinking water and risk of suicide. The British Journal of Psychiatry 2009; 194: 464–5.
8. Schrauzer GN, Shrestha KP. Lithium in drinking water and the incidences of crimes, suicides, and arrests related to drug addictions. Biological Trace Element Research 1990; 25: 105–13.
9. World Health Organization (WHO) Homepage, URL: http://www.who.int/mental_health/prevention/suicide_rates/en/index.html (accessed 23.11.2010).

Sachverzeichnis